水井钻进技术与成井工艺

刘春华　张联洲　武佳枚　楚冬梅
李其光　安学军　陈丕华　陈文明　编著

黄河水利出版社

·郑　州·

内 容 提 要

本书以牙轮钻进技术与气动潜孔锤钻进方法为重点,简要阐述了水井钻进的地质、水文地质基础知识,较为全面系统地论述了水井钻进的方法技术,简要介绍了成井工艺、钻井事故预防以及水文测井技术。洗井增水技术相关内容具有较强的针对性和实践性,对水力压裂增水洗井新技术进行了较为充分的论述,分析了相关技术参数的范围以及地层的适应性。

本书可作为从事水井施工以及相关技术人员的专业书籍,也可作为大专院校和科研单位的参考书。

图书在版编目(CIP)数据

水井钻进技术与成井工艺/刘春华等编著 . —郑州:黄河
水利出版社,2016.5
ISBN 978 – 7 – 5509 – 1425 – 4

Ⅰ . ①水… Ⅱ . ①刘… Ⅲ . ①水井 – 钻进②成井工艺
Ⅳ . ①TU991.12②P633

中国版本图书馆 CIP 数据核字(2016)第 103856 号

组稿编辑:李洪良 电话:0371 – 66026352 E-mail:hongliang0013@163.com

出 版 社:黄河水利出版社
地址:河南省郑州市顺河路黄委会综合楼 14 层 邮政编码:450003
发行单位:黄河水利出版社
发行部电话:0371 – 66026940、66020550、66028024、66022620(传真)
E-mail:hhslcbs@126.com
承印单位:河南承创印务有限公司
开本:787 mm×1 092 mm 1/16
印张:11.75
字数:272 千字 印数:1—2 000
版次:2016 年 5 月第 1 版 印次:2016 年 5 月第 1 次印刷
定价:50.00 元

前 言

  凿井是一门古老的技术。伴随着人类文明的发展，孕育了许许多多富有智慧的凿井取水方法。当代水井钻进技术与成井工艺是一门涉及多学科、多工种、综合性较强的工程应用技术，和现代科学技术的发展密不可分，尤其是最近几十年来取得了更大进步。地层的多样性、地质体的复杂性、岩石构造裂隙发育的不均匀性和地质体本身一些不可预见因素的客观存在，又使得水井钻进与成井工艺在某些地区或地层上充满了挑战和风险。在正常施工情况下，如何提高钻进速度、降低钻进成本、确保成井质量，是水井施工中需要探索和解决的重要问题。

  水井施工是利用一定的钻探设备和工艺方法，合理有效地开发利用地下水资源的一种工程方法，由地质学、水文地质学、机械设备、施工技术等多学科、诸技术共同构筑而成。20 世纪 80 年代以来，伴随着我国经济的快速发展，对地下水的需求日益增加，开发强度不断加大，建井深度越来越深，成本也越来越高。因此，对水井施工技术、钻探设备、成井工艺、洗井增水技术等提出了更高与更新的要求。

  目前，在国内的水井施工中，仍有很多单位沿用老的筒状钻具取芯钻进工艺，该工艺效率低下，且导致事故频发，钻井质量难以保证，已不能满足高效率钻井施工的需求。因此，本书较为全面地论述、推荐了几种主要的水井钻进技术，力求推进现代高效率的牙轮钻进技术与气动潜孔锤钻进方法的使用，以提高水井钻进效率，促进钻井技术水平进步。成井工艺是提高成井质量的重要环节，本书重点论述了在松散地层中的防淤增水技术。洗井增水技术是提高出水量的关键步骤，本书较为全面地论述了不同地层中的各种洗井增水方法，对水力压裂洗井增水技术进行了初步论述，以期引起同行的关注，加以不断完善、创新。

  本书的编著者长期在山东省水利科学研究院从事相关技术研究工作，具有较深厚的理论研究水平和较丰富的实践经验。编写本书的宗旨，力求系统、全面、简洁、实用、新颖，本书主要面向水井施工及相关技术人员，是从事水井施工及相关技术人员的专业书籍，也可作为大专院校和科研单位的参考用书。由于笔者水平有限，书中疏漏之处在所难免，恳请广大读者批评指正。

编著者

2015 年 10 月

目　录

第一章　水井钻进地质基础

第一节　矿物与岩石

矿物是指地壳及地球内层的化学元素通过各种地质作用形成的、在一定地质条件和物理化学条件下相对稳定的自然元素单质或化合物。例如自然金（Au）、汞（Hg）、石墨（C）和金刚石（C）等矿物是单质元素形成的，石英（SiO_2）、方解石（$CaCO_3$）等矿物则是由化合物构成的。绝大多数矿物质是化合物，矿物多为固态，仅少数矿物呈液态和气态，是组成岩石和矿物的最基本单位。

目前已发现的矿物总数有 3 000 多种，但地壳中最常见的主要矿物不过 10 多种，其中长石、石英、辉石、方解石等矿物组成了各种岩石，而磁铁矿和其他矿物则可通过一定的成矿作用形成各种金属矿床和非金属矿床，详见表 1-1。

表 1-1　地壳中主要矿物成分含量　　　　　　　　　　　　（％）

矿物	含量	矿物	含量
斜长石	39	橄榄石	3
钾长石	12	方解石	1.5
石英	12	白云石	0.9
辉石	11	磁铁矿	1.5
角闪石	5	石膏	
云母	5	其他矿物	4.5
黏土	4.6		

岩石是一种矿物或多种矿物的集合体，总共分为三大类：岩浆岩、沉积岩和变质岩。岩浆岩又分为侵入岩和喷出岩两大类，侵入岩主有花岗岩、闪长岩等；喷出岩主要有安山岩、玄武岩、流纹岩等。沉积岩主要有石灰岩、砾岩、砂岩、页岩等。变质岩主要有片麻岩、大理岩、石英岩和板岩等。这三大类岩石可以通过各种成岩作用相互转化，从而形成地壳物质的循环。

一、岩浆岩（火成岩）

岩浆岩（火成岩）就是直接由岩浆形成的岩石，指由地球深处的岩浆侵入地壳内或喷出地表后冷凝而形成的岩石，又可分为侵入岩和喷出岩（火山岩）。

二、沉积岩

沉积岩就是由沉积作用形成的岩石，指暴露在地壳表层的岩石在地球发展过程中遭受各种外力的破坏,破坏产物在原地或者经过搬运沉积下来,再经过复杂的成岩作用而形成的岩石。沉积岩的分类比较复杂,一般可按沉积物质分为母岩风化沉积岩、火山碎屑沉积岩和生物遗体沉积岩。

三、变质岩

变质岩就是经历过变质作用形成的岩石,指地壳中原有的岩石受构造运动、岩浆活动或地壳内热流变化等内营力影响,使其矿物成分、结构构造发生不同程度的变化而形成的岩石。变质岩又可分为正变质岩和副变质岩。

第二节 第四系地层

一、第四系地层的分期和分类

(一)第四系地层的分期

第四系地层为新生代第四纪形成的地层,是离我们最近的一个地质年代。第四系地层一般未胶结,呈松散状态,沉积类型多样。在这一阶段,生物界的总貌与现代已很接近,出现了古人猿和现代人类。第四纪分为更新世(Qp)和全新世(Qh)两个时期,相应的地层便称为第四系,以及更新统和全新统,详见表1-2。

表 1-2　新生代分期及特征

代(界)	纪(系)	世(统)		距今年龄(万年)	生物	构造阶段
新生代(界)Cz	第四纪(系)Q	全新世(统)Qh		1 万年至今	现代人类	喜马拉雅运动
		更新世(统)Qp	晚更新世(统)Qp$_3$	1 ~ 13	古猿、现代植物、草原面积扩大	
			中更新世(统)Qp$_2$	13 ~ 80		
			早更新世(统)Qp$_1$	80 ~ 260		
	新近纪(系)N			260 ~ 2 330		
	古近纪(系)E			2 330 ~ 6 500	哺乳动物、被子植物	

(二)第四系地层的分类

从岩性成因来讲,第四系松散地层可认为是未固结的松散岩石,应归于沉积岩类,但它与固结的沉积岩类在岩性上又有着较大不同,常常又被作为特别的对象来加以区分与研究。

第四系地层的岩性较为复杂,根据岩石的成分可分为碎屑沉积物、化学或生物化学沉积物、火山喷出物、人工堆积物等种类。碎屑沉积物是陆地上分布最广、最为常见的沉积物,亦是通常意义上所讲的第四系地层。

按沉积物的粒径,第四系地层一般分为砾、砂、粉砂和黏土四类。通常情况下,地层由砾石、砂、粉砂等不同的成分构成,它可依据不同粒径成分的含量来命名,采用二元命名法或三元命名法,如砾质砂、含砾砂、砂土、砂质黏土等。

黄土是广泛分布的第四系松散地层,呈浅黄色或棕黄色,主要由粉砂组成,富含钙质,疏松多孔,不显宏观层理,垂直节理发育,具有很强的湿陷性。

二、第四系地层的分布

第四系地层含有陆地上分布最广、最为常见的岩石,主要有残积物、坡积物、洪积物、冲积物、冰碛物、冰水堆积物和风积物等,其主要种类、成因、分布及地貌形态等见表1-3。

表1-3 第四系地层沉积物的类型与分布

成因类型	主要地质作用	地层岩性特征	分布位置	地貌形态
残积物	物理、化学风化	角砾与碎岩屑、极细砂、黏土混杂,基本上未经搬运而堆积于原地;从基岩到残积物渐变过渡,一般上细下粗,碎屑具棱角,排列无规则,无层理,厚度因地而异	山脊、平缓山坡、夷平面等处	
坡积物	坡面水流的长期搬运	以细颗粒为主,常混有碎石;分选性和磨圆度极差;岩性取决于坡面上段基岩岩性及残积层的发育程度;具有与坡面大致平行的模糊层理	山坡和山麓	坡积锥、坡积裙
洪积物	间歇性洪水的搬运	呈扇形,扇顶部与沟口相接,碎石粗大,磨圆度差;扇中部堆积卵石、碎石、角砾、圆砾及砂和亚砂土;扇尾部颗粒变细,常由细砂、粉砂、黏土构成;扇的边缘地带有时有淤泥;顺原始地形坡度常见倾斜的斜交层理	山麓沟口及平原支流沟口	冲积锥、洪积扇、洪积裙、山麓平原
冲积物	长期性洪水沿河流的搬运	地层主要由砂砾石组成,磨圆度、分选性好;分为河床相和河漫滩相,前者砾石多呈扁平状,长轴与流水方向一致,后者以细砂、极细砂、亚砂土为主,层理呈韵律变化,偶夹细砾石透镜体和杂土	河谷地带、古河道	阶地、河漫滩、冲积平原、三角洲
冰碛物	冰川搬运	地层一般为大小悬殊的岩块和黏性土混合物,泥粒、漂砾粒径可达数十至数百米,无层理,无磨圆,排列杂乱,磨光面具擦痕	山间谷地、山麓平原	冰碛垄、冰川平原及鼓丘等
冰水堆积物	冰水搬运	地层多为细砾和粗砂,层理清晰,韵律变化,常与冰碛物相互间杂;受冰川挤压会有复杂的构造变形;在冰水湖泊中,会形成层理明显的韵律层	冰川外缘、谷地、平原、湖泊	冰水堆积扇、冰水阶地等
风积物	风力吹扬、漂移	地层岩性多为砂、细砂、亚砂土、粉砂、黏粒,分选性好,层理不明显,颗粒有明显碎裂、磨蚀痕迹	干旱半干旱区、河谷、山坡等	各类沙漠、黄土地貌

三、第四系地层的透水性

第四系含水层的岩性,主要为各类砾石层、砂层、粉砂层,黏土因其不透水性,则形成各类含水层的隔水层或阻水层。一般而言,颗粒越粗,分选性越好,透水性越强。

第四系含水层广泛存在于山间河谷、山前平原、河流冲积平原等第四系松散层之中,埋深变化幅度大,从几米到几百米,甚至上千米不等。由于受水流变化影响,中上游颗粒一般较粗,多为砾、粗砂,下游则多为细砂、粉细砂。砂、砾层与黏土多呈互层结构,从而形成不同的地下水类型,如潜水、微承压水或承压水。第四系地层名称及透水性见表1-4。

表1-4　第四系地层分类及透水性

地层名称		粒径分级(mm)	渗透系数参考值(m/d)	透水性
砾石层	巨砾	>1 000	>20	极强透水
	粗砾	100~1 000	>20	极强透水
	中砾	10~100	>20	极强透水
	细砾	2~10	>20	极强透水
砂层	粗砂	0.5~2	>20	强透水
	中砂	0.25~0.5	>10	强透水
	细砂	0.05~0.25	5.0~10	中等透水
粉砂层	粗粉砂	0.03~0.05	1.0~5.0	透水
	细粉砂	0.005~0.03	0.01~1.0	弱透水
黏土层	亚黏土	<0.005	0.001~0.01	微透水
	黏土	<0.001	<0.001	不透水

第三节　岩浆岩

一、岩浆岩的概念

岩浆是地壳深部或上地幔产生的高温炽热、黏稠、含有挥发成分的硅酸盐熔融体。由岩浆冷凝固结而成的岩石,称为岩浆岩,或称为火成岩,又分为侵入岩和喷出岩两大类。

侵入岩为岩浆在地下不同深度冷凝结晶而成的岩石。由于冷凝缓慢,所以岩石中的矿物结晶较好,颗粒较粗。侵入岩又分为深成岩和浅成岩两类。

喷出岩包括熔岩和火山碎屑岩(火山碎屑堆积而成的岩石)。由于喷出岩是岩浆在地表冷凝而成的,温度降低很快,所以岩石中的矿物结晶细小,甚至有的没有结晶,成为玻璃质岩石。

二、岩浆岩的化学成分

地壳中所有的天然元素都可以在岩浆岩中发现,构成岩浆岩的10种主要元素的氧化物为 SiO_2、Al_2O_3、Fe_2O_3、FeO、MgO、CaO、MnO、Na_2O、K_2O、TiO_2 等,它们约占岩浆岩总成分的99%。

三、岩浆岩的矿物成分

岩浆岩的矿物成分能够反映它们的化学成分、生成条件及成因等变化规律。同时,矿物成分也是岩浆岩分类和命名的主要依据。自然界矿物的种类很多,但组成岩浆岩的常见矿物不过20多种,见表1-5。

表1-5　岩浆岩中矿物的平均含量　　　　　　　　　　　（%）

矿物名称	含量	矿物名称	含量
石英	12.4	白云母	1.4
碱性长石	31.0	橄榄石	2.6
斜长石	29.2	霞石	0.3
辉石	12.0	不透明矿物	4.1
普通角闪石	1.70	磷灰石、榍石及其他	1.5
黑云母	3.80	合计	100.00

四、岩浆岩的结构和构造

岩浆岩的结构和构造是区分和鉴定岩浆岩的重要标志,它不但反映了岩石的形成环境和形成过程,而且是岩浆岩分类和命名的主要依据。

（一）岩浆岩的结构

岩浆岩的结构是指组成岩石的矿物结晶程度、颗粒大小、形态及其相互关系,主要划分为以下几个类型。

1. 全晶质结构

具全晶质结构的岩石全部由结晶的矿物组成,它是岩浆在温度缓慢下降的条件下结晶而成的,多为深成岩所具有,如花岗岩就具有此种结构。

2. 半晶质结构

具半晶质结构的岩石中既有结晶的矿物,又有未结晶的玻璃质。它是岩浆在温度下降较快的条件下冷凝形成的,多为喷出岩及浅成岩所具有,如流纹岩就常具有此种结构。

3. 玻璃质结构

岩石全部由非晶质——玻璃质组成,它是岩浆在温度下降很快的条件下各种组分来不及结晶而急速冷凝形成的,主要出现在酸性喷出岩中,如黑曜岩等。

4. 显晶质结构

岩石中矿物结晶比较大,用肉眼或借助于放大镜可分辨矿物颗粒。侵入岩常具此种结构。

按岩石中矿物的粒度大小又可分为以下四种：

（1）粗粒结构：矿物颗粒直径大于 5 mm。

（2）中粒结构：矿物颗粒直径为 1～5 mm。

（3）细粒结构：矿物颗粒直径为 0.1～1 mm。

（4）微粒结构：矿物颗粒直径小于 0.1 mm。

5. 隐晶质结构

岩石中的矿物结晶细微，肉眼或放大镜无法分辨出矿物颗粒。具隐晶质结构的岩石外貌致密，断口呈瓷状。喷出岩常具有此种结构。

6. 等粒结构

岩石中同种主要矿物颗粒大小大致相等。等粒结构多见于深成侵入岩中。

7. 不等粒结构

岩石中同种主要矿物颗粒大小明显不等，其粒度大小依次渐变。此种结构多见于深成侵入体边部或浅成侵入体中。

8. 斑状结构和似斑状结构

岩石由两类大小截然不同的矿物颗粒组成，大的颗粒（斑晶）被小的颗粒（基质）所包围。

（二）岩浆岩的构造

岩浆岩的构造是指岩石不同矿物集合体间或矿物集合体与岩石的其他组成部分（如玻璃质）之间在空间的排列方式及充填方式所反映出来的特征。

1. 块状构造

具块状构造的岩石中各种矿物均匀分布，无定向排列。这是岩浆岩最常见的一种构造，如花岗岩、橄榄岩等多具此种构造。

2. 条带状构造

条带状构造的岩石中不同的成分、结构、颜色等的矿物呈条带状分布，如辉长岩中由于长石与辉石相间排列，而形成的条带状构造，如图 1-1 所示。

3. 流纹构造

流纹构造由不同颜色的矿物、拉长的气孔以及长条状矿物在岩石中呈一定方向排列而构成，它是岩浆流动的结果，故称为流纹构造。这种构造常见于酸性喷出岩中，如图 1-2 所示。

4. 气孔构造和杏仁构造

当岩浆喷溢出地表后，由于压力降低，气体从熔岩中分离出来而留下各种形状不同的孔洞，当岩石中这种孔洞很多时可使岩石呈蜂窝状，岩石的这种孔洞称为气孔构造。此种构造在玄武岩中最常见。当气孔被次生矿物完全充填后，则称为杏仁构造，如图 1-3 所示。

5. 枕状构造

枕状构造是海底溢出的基性熔岩中常见的一种构造。这种构造由大小不等的枕状体堆积而成，一般发育于熔岩的顶部，如图 1-4 所示。

图1-1 条带状构造

图1-2 流纹构造

图1-3 杏仁构造

图1-4 枕状构造

五、岩浆岩的产状

岩浆岩的产状是指岩体的形态、大小及与围岩的关系。岩浆岩的产状，主要受岩浆的成分、性质、岩浆活动的方式及构造运动的影响，并与岩浆侵入深度有关，如图1-5所示。

（一）侵入岩的产状

1. 岩基

岩基是一种规模巨大，平面上多呈长圆形的深成侵入体。一般出露面积超过100 km²。通常是由酸性或中酸性岩浆冷凝而形成的。

2. 岩株

岩株是种在岩体形态上与岩基相似，但出露面积较小，小于100 km²的侵入体。岩株通常也都是由中酸性岩浆岩组成的。

3. 岩床

岩床是岩浆顺层侵入的一种板状岩体。其厚度一般较小，但面积较大。岩床多由基性岩、超基性岩组成。

4. 岩盖

岩盖又称岩盘，也是顺层侵入的一种岩体。岩盖底部平坦、顶部拱起，中央厚、边缘薄，在平面上呈圆形。它的形成深度一般较浅，规模也较小，直径一般为3~6 km，厚者可达1 km。岩盖多由中酸性岩浆侵入而形成。

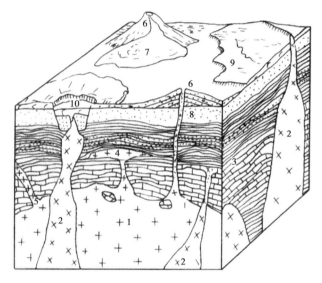

1—岩基;2—岩株;3—岩床;4—岩盘;5—岩脉;6—火山锥;
7—熔岩流;8—火山颈;9—溶岩被;10—破火山

图 1-5　岩浆岩产状示意图

5.岩盆

岩盆也是岩浆顺层侵入的一种岩体,其中央部分下沉而形成中央微凹的盆状。岩盆大小不一,大者直径可达数十到数百千米。岩盆多由基性岩浆、超基性岩浆冷凝而成。

6.岩墙与岩脉

岩墙与岩脉是岩浆切穿岩层并充填于围岩裂隙中的小型板状侵入体。其规模不一,厚度可从数十厘米至数十米,长度可从数十米至数千米。通常将规模较大、形态规则的板状者称为岩墙;把规模较小、形态不太规则者称为岩脉。

(二)喷出岩的产状

1.火山锥

由火山喷出物质,围绕火山口堆积而成的圆锥形火山体,称为火山锥。火山锥体如果由火山碎屑物质组成,称为火山碎屑锥;如果由熔岩组成,称为熔岩锥;由二者的混合物质组成,称为混合锥。

2.熔岩流

黏度较小的岩浆溢出火山口后,在沿斜坡流动的过程中冷凝而成的带状、舌状、宽阔状的岩体,称为熔岩流。熔岩流多为玄武岩喷出岩的产状,但少数流纹岩喷出岩也具有。

3.岩钟、岩针

流纹岩岩浆的黏度较大,不易流动,可在火山通道上方聚积起来,形成钟状岩体,称为岩钟。如果已固结的火山通道被深部熔岩推挤出地面,形成针状尖峰,称为岩针。有的岩针高达 400 m 以上。

六、主要侵入岩类

(一)花岗岩

花岗岩为深成侵入岩,多呈浅肉红色、浅灰色;粗细粒结构、似斑状结构,块状构造,局部见斑杂构造。其主要矿物为钾长石($\pm40\%$)、酸性斜长石($\pm20\%$)和石英($\pm30\%$);次要矿物有黑云母、角闪石($\pm10\%$);副矿物有磁铁矿、榍石、锆石、磷灰石等。若钾长石与酸性斜长石含量大致相等,则称为二长花岗岩;若斜长石含量远大于钾长石,称为斜长花岗岩;若钾长石与斜长石含量之比约为$1:2$,石英含量为$20\%\sim25\%$,次要矿物以角闪石为主,则称为花岗闪长岩。

与花岗岩成分相当的浅成侵入岩为花岗斑岩。花岗斑岩具全晶质斑状结构,块状构造。基质一般为细-微粒结构。斑晶主要是钾长石与石英,可有少量黑云母、角闪石。与花岗闪长岩成分相当的浅成侵入岩为花岗闪长斑岩,它与花岗斑岩的区别在于斑晶主要为斜长石,也可有少量黑云母、角闪石、钾长石、石英。

本类岩石含SiO_2大于65%,属于硅酸过饱和的岩石。FeO、Fe_2O_3、MgO含量很低,普遍低于2%,CaO低于3%,NaO、K_2O则有明显的增加,平均各为3.5%。

花岗岩矿物成分以硅铝矿物为主,主要为钾长石、石英和酸性斜长石。其中,石英的含量在20%以上;铁镁矿物的含量为10%左右,常见的铁镁矿物是黑云母、角闪石;副矿物含量虽少(小于1%),但种类繁多,常含稀有元素和放射性元素。岩石颜色浅,多为灰白色、肉红色。本类岩石分布广泛,是大陆地壳的重要组成岩石。侵入岩常呈岩基或岩株产出,喷出岩分布较少。

花岗岩常形成大岩基,长几百至上千千米,宽几十至上百千米,也常见小型岩株、岩盖或岩枝。它的喷出岩的代表性岩石为流纹岩,多呈岩钟、岩针等中心式喷发的产物,少数为裂隙式喷发形成的岩流。

(二)闪长岩

侵入岩代表岩石为闪长岩。闪长岩一般呈灰色至绿灰色,中细粒粒状结构,块状构造,也可见到斑杂构造。其主要矿物为中性斜长石和角闪石,次要矿物有辉石、黑云母,有的含石英或钾长石。当次要矿物较多时,可称辉石闪长岩、石英闪长岩(石英含量$5\%\sim20\%$)、黑云母闪长岩。浅成侵入岩的代表岩石为闪长玢岩,常具斑状结构,块状构造。其特点是中性斜长石和角闪石形成斑晶。基质呈灰绿色,由斜长石、角闪石的微晶组成。

闪长岩多成小岩体侵入,如小岩株、岩盖和岩脉等,分布不多,其出露面积小于100 km²,与辉长岩或花岗岩共生,构成复杂的杂岩体。侵入于碳酸盐岩中的闪长岩,常在接触带形成矽卡岩,形成矽卡岩型钢、铁、金、银、铅、锌等矿床。它的喷出岩的代表岩石为安山岩,常成较大面积的岩流广泛分布,厚度达几百米甚至几千米。

(三)辉长岩

辉长岩为深成侵入岩,岩石呈灰黑色,一般为中粗粒状结构,块状构造或条带构造。其主要矿物成分为辉石和基性斜长石,二者含量大致相等。当铁镁矿物含量大于65%时,称为暗色辉长岩;当铁镁矿物含量仅$10\%\sim35\%$时,称为浅色辉长岩;基性斜长石含量大于或等于90%时,则称为斜长岩。当次要矿物橄榄石、角闪石等较多时,也可参与命名,如橄榄辉长岩、角闪辉长岩。若含明显可见的石英或钾长石,则称石英辉长岩或正长辉长岩。

浅成侵入岩称为辉绿岩。辉绿岩为暗绿色至绿黑色;具典型的辉绿结构,即长条状基性斜长石微晶杂乱交织,构成三角形空隙,其空隙被他形辉石微晶充填,二者大小相近;也常见斑状结构,斑晶以基性斜长石为主,这种岩石称为辉绿玢岩。浅成侵入岩的矿物成分与深成岩相同。

基性侵入岩分布较超基性岩广一些,但单个岩体规模一般不大,常呈岩盆、岩盖、岩株、岩床和岩墙产出。与其有关的矿床主要是铜镍硫化物矿床;其次有铬铁矿床和钒钛磁铁矿床。它的喷出岩的代表岩石为玄武岩,多呈巨厚的岩被,面积达几十万甚至上百万平方千米。

(四)橄榄岩

橄榄岩是超基性深成侵入岩的代表,岩石呈黑色、暗绿色,具中粗粒状结构,块状构造或带状构造。其主要矿物为橄榄石和辉石。浅成侵入岩的代表岩石为金伯利岩(为含金刚石的母岩,因产于南非金伯利而得名)。

超基性岩在地表的分布面积很小,约占岩浆岩分布面积的0.4%。它常与基性岩一起组成岩浆岩杂岩体,也有呈独立岩体出现的,一般为小型岩株、岩盆或岩墙。与超基性岩有关的矿产有铬、镍、钴、铂、稀土、金刚石、石棉、磷灰石、滑石等。

(五)煌斑岩

煌斑岩为暗色矿物含量占主导地位的脉岩,颜色一般为黑色、暗绿色、深灰色,故称为暗色岩脉;其结构多为全晶质细粒至微粒结构、斑状结构,斑晶全为暗色矿物。煌斑岩的SiO_2含量多为40%~50%,FeO、Fe_2O_3、MgO及K_2O、Na_2O的含量相对较高。暗色矿物主要为辉石、角闪石、黑云母,浅色矿物为斜长石或钾长石。

钾镁煌斑岩是金刚石矿床的重要母岩。伟晶岩本身常作为非金属矿产进行开采。与花岗伟晶岩有关的矿产在40种以上,其中主要为稀有元素矿产及云母、水晶、长石及各种宝石矿产等。

煌斑岩属脉岩类,多形成于远离母岩体地区。随着各种深成岩的形成,往往形成一些沿围岩或某些深成岩体之间缝隙的充填物,常成脉状产出,故称为脉岩。脉岩通常呈规则或不规则的板状体产出,大小不一,长度由几米至几千米,厚度从几厘米至几十米。有些脉岩常侵入在早期侵入体内或其附近围岩中。

(六)碳酸岩类

碳酸岩是19世纪末期发现的一种以碳酸盐矿物为主要成分的岩浆岩。1921年,布列格尔首次确定它是与碱性杂岩体相伴生的岩浆岩,并正式命名为"碳酸岩",以示与沉积"碳酸盐岩"区别。

碳酸岩在外观上很像大理岩,颜色白色、浅棕色,结晶结构,块状构造,常与橄榄岩、霞石正长岩共生。碳酸岩可分侵入岩和喷出岩。与碳酸岩有关的矿产主要是稀有元素矿床、非金属原料(磷灰石、金云母、蛭石等)矿床,同时碳酸岩本身也是很好的水泥原料。

七、主要喷出岩类

(一)安山岩

安山岩为喷出岩,它的侵入岩为闪长岩,所以矿物成分与闪长岩类同,因其在南美洲安第斯山发育最好,故得名安山岩。安山岩颜色呈灰色,经次生变化后往往呈灰褐色、灰绿色、红褐色;矿物成分与闪长岩基本相同;多数为斑状结构,斑晶为斜长石、辉石、角闪石、黑云母;少数为隐晶结构或玻璃质结构;常见块状构造、气孔构造和杏仁构造。与石英闪长岩成分相当的喷出岩为英安岩,多为隐晶质结构。安山岩常成较大面积的岩流广泛分布,分布面积仅次于玄武岩,厚度达几百米甚至几千米。

(二)玄武岩

玄武岩为喷出岩,是分布最广的一种喷出岩,它的侵入岩为辉长岩,所以矿物成分与辉长岩类同。岩石多呈黑色、黑灰色或暗褐色,风化后往往呈黄褐色、暗红色、灰绿色。多数为细粒至隐晶质结构,也有玻璃质结构和斑状结构。多具气孔构造和杏仁构造,杏仁体多由方解石、蛋白石、绿泥石构成。具杏仁构造的称为杏仁玄武岩;具气孔构造的称为气孔玄武岩,也有块状玄武岩。

(三)火山碎屑岩类

顾名思义,火山碎屑岩是介于岩浆岩与沉积岩之间的过渡岩类,具有双重身份,本书在后面沉积岩的相关章节中还将作进一步的介绍。从岩石成分来看,它与相应的熔岩有密切关系,在空间分布上二者也经常共生;在结构上与陆源碎屑岩既有类似之处,又有很大差异;在成因上,火山碎屑岩与陆源碎屑岩则有着本质性的差别,一个成分主要为火山喷出物,另一个成分主要为风化物或生化物。所以,特在不同的岩类中对这类岩石进行了分别叙述,以加深对此类岩石的理解。

火山碎屑岩的碎屑多具棱角,不具分选性,成分、结构、构造变化大,常缺乏稳定层理,除大量含有火山碎屑物外,有时还含有其他沉积物。下面分别介绍两种较为常见的火山碎屑岩,即凝灰岩和火山角砾岩。

凝灰岩为喷出岩,属火山碎屑岩类,它是由火山喷发所产生的各种碎屑物经过短距离搬运或沉积而形成的岩石。凝灰岩是火山碎屑岩类中分布最广的一种喷发岩,组成凝灰岩的碎屑多小于 2 mm,成分多数为火山玻璃、矿物晶屑和岩屑,此外尚有一些其他沉积物。基性凝灰岩分解后易产生绿泥石、方解石、高岭石、蒙脱石等次生矿物。岩石颜色多呈灰白色、灰色,也有黄色和黑红色等。由于火山灰可在空气中飘浮几十、几百,甚至上千千米,所以凝灰岩一般在远离火山口处堆积。由于凝灰岩成分变化大、粒度细、孔隙度高、结构疏松,所以易发生次生变化,多是泥石流等地质灾害的多发区。

火山角砾岩为喷出岩,与凝灰岩一样同属火山碎屑岩类,主要由各种熔岩角砾组成,也含有其他岩石的角砾,有 1/3 的火山碎屑介于 2～50 mm。火山碎屑岩中的角砾棱角明显,分选性差,通常为火山灰胶结而成。

第四节　沉积岩

一、沉积岩的概念

沉积岩是在地表或地表以下不太深的地方,在常温常压下,由母岩的风化产物或由生物化学作用和某些火山作用所形成的物质,经过搬运、沉积、成岩等地质作用而形成的层状岩石,如砂岩、页岩、石灰岩等。

由于岩浆岩、沉积岩与变质岩是在不同的条件下形成的,其各自的矿物成分、结构不同,所以风化的快慢及程度大不一样。其中,岩浆岩最易风化,其次是变质岩,沉积岩较稳定,一般难以风化。母岩经受风化作用后形成以下三种产物:

(1)碎屑物质。即矿物碎屑和岩石碎屑,是母岩机械破碎的产物,如长石、石英砂、白云母碎片和各种砾石等。

(2)残余物质。母岩在分解过程中形成的不溶物质,如黏土矿物、褐铁矿及铝土矿等。

(3)溶解物质。母岩在化学风化过程中被溶解的成分,如 Cl^-、SO_4^{2-}、Na^+、K^+、Ca^{2+}、Mg^{2+}、Fe^{2+}、Al^{3+}、Si^{4+}等,常呈真溶液或胶体溶液状态被流水搬运至远离母岩的湖海中。

风化产物除少部分残积在原地外,大部分物质都要在流水、冰川、风和重力等作用下进行搬运和沉积,其中最为常见的为流水和风力,最为直观的搬运物质是碎屑物在水流中的搬运和沉积作用。

如图1-6所示,大小混杂的水中碎屑物在搬运过程中发生分散,粒度大的难以搬运,当流速稍有减缓时就会下沉,而粒度小的易于搬运,出现了沿搬运方向分选的现象,碎屑按颗粒大小以砾石、砂、粉砂、黏土的顺序沉积。在图1-7中,则是按相对密度发生分异,相对密度大的先沉积,相对密度小的搬运距离大,出现了沿搬运方向按相对密度大小顺序沉积的现象。

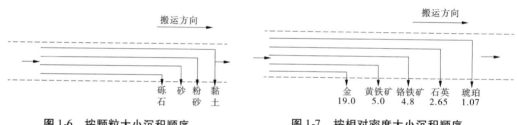

图1-6　按颗粒大小沉积顺序　　　　图1-7　按相对密度大小沉积顺序

沉积物沉积以后,即开始进入形成沉积岩的阶段,而且在形成沉积岩后,在岩石发生风化或变质之前,岩石还会发生一些改造。上述过程可划分为两个阶段,即沉积物的成岩作用和沉积岩的后生作用。

松散的沉积物转变为致密、固结、坚硬的岩石的作用,称为成岩作用。成岩作用主要包括以下几个方面:

(1)压固作用。这是一种由于上覆沉积物的重力和水体的静水压力,使松散沉积物排出水分、孔隙减少、体积缩小、密度加大,进而转变成固结的岩石的作用。

(2)胶结作用。松散的沉积碎屑颗粒,通过粒间孔隙水中的化学沉淀物等胶结物的黏结变为坚硬的岩石,这种作用称为胶结作用。常见的胶结物有碳酸盐质、硅质、铁质、有机质和黏土矿物等,这些大都是由溶解于水中的物质沉淀而成的。

(3)重结晶作用。胶体和化学沉积物质等非晶质,逐渐转变为结晶质或细小晶体;或由于溶解、局部溶解或扩散作用,使原始晶体继续生长、加大的现象等,称为重结晶作用,如蛋白石变为玉髓和石英。

沉积岩的后生作用,是指沉积物固结成岩以后至岩石遭受风化或变质作用以前所发生的一系列变化。发生的原因有温度升高,上覆岩层的压力增大以及深部地下水沿岩石裂隙上升,造成岩石进一步被压固、晶粒变粗,形成后生矿物、结核和缝合线等。常见的后生矿物有石英、自生长石、沸石、绿泥石、绢云母、黄铁矿、白铁矿,以及碳酸盐类等。

二、沉积岩的物质成分

(一)沉积岩的化学成分

沉积岩的物质来源是多方面的,其中最主要的是母岩风化的产物。因此,沉积岩的化学成分与母岩有密切关系。由于其经受过表生破坏作用,又与原岩,特别是岩浆岩有明显差别,其平均化学成分见表1-6。

表1-6　沉积岩与岩浆岩的平均化学成分　　　　　　　　　(%)

氧化物	沉积岩	岩浆岩	氧化物	沉积岩	岩浆岩
SiO_2	57.95	59.14	FeO	2.08	3.80
TiO_2 (>)	0.57	1.05	MgO	2.65	3.49
Al_2O_3 (>)	13.39	15.34	CaO	5.29	5.08
Na_2O	1.13	3.84	CO_2	5.38	0.10
K_2O	2.86	3.13	H_2O	3.23	0.15
P_2O_5	0.13	0.30	其他	1.27	0.38
Fe_2O_3 (>)	3.47	3.08	合计	99.40	98.88

从表1-6所列的沉积岩与岩浆岩的平均化学成分对比中可以看出,二者的主要化学成分虽然比较接近,但也存在着如下几个明显差别:

(1)沉积岩中 Fe_2O_3 的含量多于 FeO,岩浆岩则相反。这是因为沉积岩形成于地表水体中,氧气充足,大部分铁元素氧化成高价铁。

(2)沉积岩中的 K_2O 的含量多于 Na_2O,而岩浆岩中则相反。这是因为黏土胶体质点能吸附钾离子,以及含钾的白云母等矿物在地表条件下相当稳定。

(3)沉积岩中富含 H_2O、CO_2 和有机质,而这些物质在岩浆岩中几乎是没有的。

(二)沉积岩的矿物成分

沉积岩的矿物成分也有其本身的特点,常出现的只有20余种,如石英、长石、云母、黏土、碳酸盐类、卤化物及含水的铁、锰、铝等的氧化物。然而,在一种岩石中所含有的主要矿物通常不超过3~5种。

沉积岩的矿物成分与岩浆岩有显著的不同,主要表现为:

(1)岩浆岩中大量存在的橄榄石、辉石、角闪石及黑云母等,在沉积岩中非常少见。

(2)钾长石、酸性斜长石、石英等矿物,在沉积岩中和岩浆岩中含量都大,但岩浆岩中的长石比沉积岩多,而石英在沉积岩中的含量比在岩浆岩中的含量大得多。

(3)在沉积岩形成过程中新生成的矿物,如黏土、盐类、碳酸盐及有机质等在岩浆岩中基本没有。

三、沉积岩的结构、构造和颜色

(一)沉积岩的结构

沉积岩的结构指组成沉积岩物质的结晶程度、颗粒形状、大小及相互充填、胶结关系等。不同类型的沉积岩由于形成的作用和方式不同,所以具有不同的结构类型。例如,陆源碎屑岩主要为碎屑结构,火山碎屑岩具有火山碎屑结构,黏土岩具有泥质结构,化学及生物化学成因的岩石则具有晶粒结构。

(二)沉积岩的构造

沉积岩的构造是指沉积岩各组成部分的空间分布和排列方式。常见的沉积岩特征构造有层理构造和层面构造、缝合线、结核等。

层理构造是由沉积物的物质成分、结构、颜色沿垂直于沉积物表面方向变化而显示出来的一种层状构造。它是沉积岩最重要的特征之一,是与岩浆岩、变质岩相区别的重要标志。

层理的最小组成单位是细层,其厚度极小,为几毫米至几厘米,成分上有一定的均一性,它是在一定条件下同时形成的。在成分、结构、厚度及空间产出状态上具有统一性的一组细层,称为层系,形成于相同沉积条件下。由两个或更多的在性质上相似的层系组合起来,便形成层系组,它们形成于相似沉积环境,中间无明显不连续现象,见图1-8。

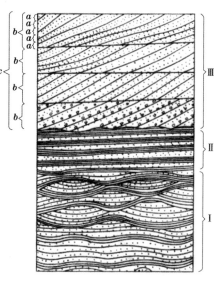

I—波状层理;Ⅱ—水平层理;Ⅲ—斜层理;
a—细层;b—层系;c—层系组

图1-8　层理的基本类型

层(岩层)是沉积岩的基本组成单位。同一层岩石具有基本均一的成分、颜色、结构和内部构造,其上、下被层面与相邻的层分开。上述的细层、层系、层系组均是层(岩层)的内部构造。层往往以岩性命名,如石灰岩层、石英砂岩层等。层(岩层)一般按厚度分为:

(1)块状层。厚度大于 1 m。

(2)中厚层。厚度为 0.1 ~ 0.5 m。

(3)厚层。厚度为 0.5 ~ 1 m。

(4)薄层。厚度为 0.001 ~ 0.1 m。

层理按其形成特征可分为下列几种基本类型:

(1)水平层理。由一系列与层面平行的细层呈直线状排列而形成的层理,称为水平层理。此种层理多形成于平静的或微弱流动的水介质环境中,常见于泥质岩及粉砂岩中。

(2)波状层理。具这种层理的细层呈波状起伏,但其总体方向平行于层面。这种层理是在水介质具有一定波动条件下形成的,多出现在滨海或滨湖的浅水带沉积中,多见于粉砂岩和细砂岩。

（3）斜层理。由一系列与岩层面呈斜交的细层组成的层理称斜层理。这种层理多是在单向水流（或风）的作用下形成的,常见于河床沉积物中。细层的倾斜方向代表水流方向。

层面构造是在沉积物未固结时形成的。最常见的层面构造是波痕和泥裂:

（1）波痕。在尚未固结的沉积物层面上,由流水、风及波浪作用形成的波状起伏的表面（波痕面）,经成岩作用后被保存下来,称为波痕。波痕常见于砂岩和粉砂岩中。按其成因可分为风成波痕、水流波痕和浪成波痕,如图1-9所示。

（2）泥裂。是未固结的沉积物露出水面后,因受阳光暴晒,经脱水收缩干裂而形成的裂缝。它也可保留在岩层层面上,是一种较为常见的岩层层面构造,如图1-10所示。

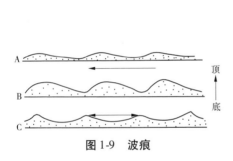

图1-9　波痕

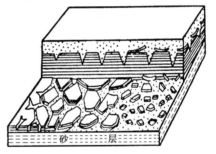

图1-10　泥裂

缝合线是指在垂直沉积岩层理的断面上,呈不规则的齿状接缝。它很像动物头盖骨的接合缝。缝合线起伏的幅度从小于1 mm到几厘米。缝合线一般认为是固结岩石遭受压力后发生不均匀的溶解,难溶的黏土物质和铁质残留下来形成缝合线。

结核是指成分、结构、颜色等与围岩有显著差异的矿物集合体。结核的成分有碳酸盐质、锰质、铁质、硅质、磷酸盐质和黄铁矿等。结核形态有球形、椭球形、透镜状、扁豆状或不规则团块状等,大小悬殊,内部构造也不一致。

（三）沉积岩的颜色

沉积岩的颜色可分原生色和次生色,原生色又分为继承色和自生色。继承色为由矿物碎屑和岩石碎屑所形成的颜色,所形成的岩石继承了碎屑原有的颜色,如长石砂岩由于含大量钾长石为肉红色。自生色为自生矿物所构成的颜色,如含海绿石的岩石为绿色,石灰岩为灰白色。次生色是在后生作用阶段或风化过程中,岩石发生变化而产生的颜色,如红色页岩的局部Fe^{3+}还原成Fe^{2+},使岩石出现浅绿色斑点。

四、沉积岩的分类

沉积岩分类主要可依据岩石的成因、成分、结构等进行划分。一般以成因作为沉积岩大类的划分基础,而以成分、结构等特征作为划分岩石类型的依据,如表1-7所示。

表 1-7　沉积岩分类简表

陆源碎屑岩类 （按粒度细分）	火山碎屑岩类 （按粒度细分）	泥质岩类（按成分、 固结程度分）	碳酸盐岩类 （按成分、结构－成因分）	其他岩类 （按成分细分）
砾岩（角砾岩） 砂岩 粉砂岩	集块岩 火山角砾岩 凝灰岩	成分： 高岭石黏土 蒙脱石黏土 伊利石黏土 固结程度： 黏土 泥岩 页岩	成分： 石灰岩、白云岩、泥灰岩 结构－成因： 亮晶颗粒石灰岩 泥晶颗粒石灰岩 泥晶石灰岩 结晶石灰岩 礁灰岩	铝质岩 铁质岩 锰质岩 硅质岩 磷质岩 蒸发岩 可燃有机岩

五、碎屑岩类

（一）陆源碎屑岩类

1. 陆源碎屑岩的特征

陆源碎屑岩主要由碎屑物质、胶结物质和杂基（二者合称填隙物）三部分组成。碎屑物质又分岩石碎屑（岩屑）和矿物碎屑（矿屑）两类。

岩石碎屑是各种不同类型岩石经机械破碎而成的碎块，反映了母岩风化不彻底、搬运近、沉积快等特点。岩屑主要分布在砾岩中，在砂岩中也有一部分，而粉砂岩中则几乎不出现。

矿物碎屑在碎屑岩中常见的有 20 余种，但在一种碎屑岩中，碎屑一般不超过 3 ~ 5 种。最主要的碎屑矿物是石英、长石和白云母，其次常见重矿物。

胶结物是在碎屑颗粒之间的化学沉淀物质，一般是在成岩阶段形成的各种自生矿物，能把松散的碎屑胶结变成坚硬的岩石，常见的胶结物有碳酸盐质（方解石、白云石）、硫酸盐质（石膏、重晶石）、硅质（蛋白石、玉髓、石英）、铁质（赤铁矿、褐铁矿）、磷酸盐质及海绿石、沸石等。

杂基又称基质，是充填于碎屑颗粒之间的细粒机械混入物，它是和碎屑物质一起由机械作用沉积下来的，包括小于 0.03 mm 的细粉砂和泥质，它们对碎屑物质也起胶结作用。

2. 陆源碎屑岩的分类和命名

根据碎屑颗粒大小，陆源碎屑岩可分为以下三类：

（1）粗碎屑岩——砾岩和角砾岩。主要碎屑直径为 2 mm。

（2）中碎屑岩——砂岩。主要碎屑直径为 2 ~ 0.05 mm。

（3）细碎屑岩——粉砂岩。主要碎屑直径为 0.05 ~ 0.005 mm。

3. 陆源碎屑岩的主要类型

砾岩和角砾岩：粒度大于 2 mm 的陆源碎屑，其含量大于 50% 的沉积岩称为砾岩。按其主要砾石的粒级将砾岩划分为细砾岩（砾径 2 ~ 10 mm）、中砾岩（砾径 10 ~ 100 mm）、粗砾岩(砾径100～1 000 mm)、巨砾岩(砾径＞1 000 mm)。若砾石多数为棱角状,则称角砾岩。岩石成分多为岩屑,次有长石、石英等矿物碎屑。砾岩和角砾岩一般不显层理,在细砾岩中有时可见到斜层理和粒序层理。

砂岩:粒径为0.05～2 mm的陆源碎屑含量大于50%的沉积岩称为砂岩。按其主体砂粒粒度可以划分为粗砂岩(粒径为0.5～2 mm)、中砂岩(粒径为0.25～0.5 mm)、细砂岩(粒径为0.05～0.25 mm)。如表1-8所示,石英砂岩中的石英碎屑(包括硅质岩和石英岩岩屑)含量在90%以上,含少量长石及其他岩屑,胶结物多为硅质、钙质和铁质,一般中细粒砂状结构,磨圆度高,分选好,缺乏泥质杂基,颜色较浅,常为灰白色、浅黄色。

表1-8　砂岩成分分类　　　　　　　　　　　　　　　　　(%)

岩类名称	岩石名称	主要碎屑颗粒含量			说明
		石英(Q)	长石(P)	岩屑(R)	
石英砂岩 (杂砂岩)	1. 石英砂岩(杂砂岩) 2. 长石石英砂岩(杂砂岩) 3. 岩屑石英砂岩(杂砂岩)	＞90 75～90 75～90	＜10 5～25 ＜15	＜10 ＜15 5～25	长石＞岩屑 岩屑＞长石
长石砂岩 (杂砂岩)	4. 长石砂岩(杂砂岩) 5. 岩屑长石砂岩(杂砂岩)	＜75 ＜75	＞25 25～75	＜25 10～50	长石＞岩屑
岩屑砂岩 (杂砂岩)	6. 岩屑砂岩(杂砂岩) 7. 长石岩屑砂岩(杂砂岩)	＜75 ＜75	＜25 10～50	＞25 25～75	岩屑＞长石

长石砂岩碎屑组分主要是石英和长石,以钾长石和酸性斜长石为主,胶结物多为钙质,有时为铁质,硅质少见,常含泥质杂基。长石砂岩一般为粗中粒砂状结构,磨圆度较差,分选不好或中等,颜色多为肉红色或粉红色。岩屑砂岩碎屑成分随母岩而异,常见的有喷出岩、粉砂岩、页岩、板岩、千枚岩、片岩、碳酸盐岩岩屑等。

粉砂岩:粉砂岩粒度在0.05～0.005 mm,成分以石英为主,长石次之,岩屑少见,有时含较多的白云母片,碳酸盐胶结物较常见,铁质和硅质较少。粉砂岩按粒度分为粗粉砂岩(粒度0.05～0.03 mm)和细粉砂岩(粒度0.03～0.005 mm)。

(二)火山碎屑岩类

1. 火山碎屑岩的成分

火山碎屑岩的成分包括较大的火山碎屑物和较小的火山填隙物(主要为细火山灰、尘等)。火山碎屑根据其物质状态分为岩屑、晶屑和玻屑,形状多样,大小不一。

2. 火山碎屑岩的结构与构造

火山碎屑岩的结构分为集块结构、火山角砾结构、凝灰结构和塑变结构,构造有假流纹构造、层理构造和火山泥球构造。

六、泥质岩类

(一)泥质岩的矿物成分

泥质岩粒度小于0.005 mm,主要由黏土矿物组成。此类岩石是由母岩风化形成的黏土矿物,以悬浮状态搬运到水盆地后经机械沉积而成,是分布最广的一类沉积岩,占沉积岩总量的60%左右。

(二)泥质岩的结构、构造与颜色

泥质岩的结构根据黏土、粉砂及砂的相对含量,可划分出如表1-9所示几种类型。

表1-9　按粒度划分的泥质岩结构类型　　　　　　　　　　　　　　　(％)

名称	各粒级含量		
	黏土	粉砂	砂
泥质结构	>95	<5	—
含粉砂泥质结构	>75	5～25	<5
粉砂泥质结构	>50	25～50	<5
含砂泥质结构	>75	<5	5～25
砂泥质结构	>50	<5	25～50

泥质结构的岩石,以手触摸有滑腻感,刀切面光滑,断口为贝壳状或鱼鳞状。粉砂泥质结构和砂泥质结构的岩石,以手触摸有粗糙感,刀切面不平坦,断口粗糙。含砂泥质结构和砂泥质结构的岩石,手触摸有明显的颗粒感觉,肉眼可见砂粒,断口呈参差状。鲕状结构、豆状结构都由黏土矿物组成,前者粒径小于2 mm,后者粒径大于2 mm。

泥质岩的构造包括层理、波痕、泥裂、结核等构造。层理一般为水平层理,块状构造在泥质岩中也常见。页理是泥质岩的一种特征构造,可看成为非常薄的水平层理,主要是片状黏土矿物平行排列所致。

泥质岩的颜色多种多样,取决于黏土矿物的成分和形成环境。成分单一的高岭石泥质岩多呈白色、浅灰色,红色、紫色、棕色、黄色等多是由于岩石中含有 Fe^{3+} 的氧化物和氢氧化物,绿色、蓝色多是由于岩石中含有 Fe^{2+} 的化合物和铁的硅酸盐矿物,灰色、黑色是由于岩石中富含有机质或含有黄铁矿等硫化物。

(三)泥质岩的分类和主要岩石

按泥质岩中混入的砂或粉砂的数量可分为泥岩、含粉砂泥岩、粉砂质泥岩、含砂泥岩及砂质泥岩。如按固结程度可分为如表1-10所示几类。

表1-10　泥质岩按固结程度分类

岩石名称	固结程度	构造特征
黏土岩	未固结－弱固结,易吸收水分,有可塑性、黏结性等	块状
泥岩	弱－中等固结,加水不易泡软,加水一昼夜,仍具可塑性	块状
页岩	强固结,加水不被泡软,沿页理方向易剥开,打击后成薄片	页理

1. 黏土岩

黏土岩是一种疏松状的岩石,质纯者细腻质软,颜色以浅色为主。按成分又分为:①高岭石黏土,多为灰白色、浅灰色,土状、有滑感,具可塑性、吸水性、黏结性及耐火性等物理特性;②蒙脱石黏土,又称膨润土、斑脱岩,一般为粉红色、灰白色或淡黄色,吸水性强,吸水后体积膨胀,吸附性强;③伊利石黏土,成分较复杂,除伊利石外,还含其他黏土矿物、石英、长石、云母等碎屑和重矿物,颜色多样。

2. 泥岩

黏土经中等程度成岩,又经后生作用固结而成,层理不明显,块状构造,没有页理,在水中不易被泡软,可塑性比黏土差。

3. 页岩

钙质页岩:含有少量方解石的页岩,方解石含量不超过25%。

硅质页岩:SiO_2含量超过普通页岩,可达85%以上,硅质由隐晶质的玉髓和蛋白石组成;岩石致密、坚硬,常与燧石岩等共生。

红色页岩:含有较多分散的氧化铁、氢氧化铁的页岩,多形成于干旱气候带的氧化环境之中。

黑色页岩:含有大量分散的细有机质和硫化铁,颜色黑但不污手。

炭质页岩:含有较多量的炭化有机质,与黑色页岩的区别是条痕黑色,污手。

油页岩:含油率为4%~20%的页岩,颜色为黄褐色、暗棕色、黑色等。

七、碳酸盐岩类

(一)碳酸盐岩的物质成分

由方解石和白云石等碳酸盐矿物组成的沉积岩称为碳酸盐岩,主要岩石类型为石灰岩和白云岩。碳酸盐岩中常可混入数量较多的陆源碎屑物质(砂、粉砂、泥),当混入物的含量超过50%时,则过渡为陆源碎屑岩(砂岩、粉砂岩、泥质岩)。

据统计,碳酸盐岩分布面积在我国约占沉积岩总面积的55%,特别在西南地区分布更为广泛。与碳酸盐岩共生的层状矿产有铁矿、石膏、岩盐、钾盐等。

(二)碳酸盐岩的结构

1. 粒屑结构

由波浪和流水剥蚀破碎、机械搬运和沉积作用而形成的碳酸盐岩,具有与陆源碎屑岩类似的结构,称为粒屑结构,由颗粒、泥晶基质、亮晶胶结物三部分组成。

颗粒是指在沉积盆地内部,由化学、生物化学、生物作用及波浪、潮汐和岸流的机械作用形成的颗粒,与陆源碎屑岩中的砾石、砂粒和粉砂相似。

2. 生物骨架结构

生物骨架结构由原地生长的珊瑚、海绵、苔藓虫、层孔虫及藻类等造礁生物形成的礁灰岩所具有的结构。它是原地生长的群体生物钙质骨骼构成骨架,在其间隙中充填有其他生物或碎屑及化学沉淀物。

3. 晶粒结构(结晶结构)

由结晶的碳酸盐矿物晶粒组成的结构,它是由化学、生物化学等形成的碳酸盐岩石,经过强烈的重结晶作用而形成的结构。

(三)碳酸盐岩的分类和命名

碳酸盐岩按矿物成分分类是基本的、最常用的分类方法,根据碳酸盐岩中方解石和白云石的相对含量,可将碳酸盐岩分为 6 种类型,如表 1-11 所示。

表 1-11 碳酸盐岩按矿物成分分类

岩石名称		方解石 $CaCO_3$ 含量(%)	白云石 $CaMg(CO_3)_2$ 含量(%)	矿物成分比值 (CaO/MgO)
石灰岩类	石灰岩	95~100	0~5	>50.1
	含白云质石灰岩	75~95	5~25	9.1~50.1
	白云质石灰岩	50~75	25~50	4.0~9.1
白云岩类	钙质(灰质)白云岩	25~50	50~75	2.2~4.0
	含钙质(灰质)白云岩	5~25	75~95	1.5~2.2
	白云岩	0~5	95~100	1.4~1.5

碳酸盐岩中常混入不少黏土物质,根据方解石或白云石与黏土质的相对含量,可划出一系列的过渡类型,其分类见表 1-12。

表 1-12 石灰岩(或白云岩)与泥质岩的过渡类型岩石

岩石类型		方解石(或白云石)(%)	泥质(%)
石灰岩 (或白云岩)	石灰岩(或白云岩)	0~100	0~10
	含泥石灰岩(或白云岩)	75~90	10~25
	泥灰岩(或白云岩)	50~75	25~50
泥质岩	灰质泥岩(或白云质泥岩)	25~50	50~75
	含灰质泥岩(或白云质泥岩)	10~25	75~90
	泥质岩	0~10	90~100

(四)碳酸盐岩的主要类型

1. 石灰岩

该类岩石主要由方解石组成,常混有白云石、黏土矿物等;颜色多种,常见的有白色、灰色、黑色等,滴稀盐酸剧烈起泡。

1)内碎屑灰岩

内碎屑灰岩由 50% 以上的内碎屑和充填其间的亮晶或泥晶构成,按粒度又可分为砾屑灰岩、砂屑灰岩和粉屑灰岩。

砾屑灰岩:我国华北地区普遍存在的上寒武系长山组竹叶状灰岩是一种典型的砾屑灰岩,砾屑呈扁圆或椭圆形,切面长条形,似竹叶状,磨圆度较好,大小不一。砾屑成分多为泥晶灰岩、粉屑灰岩和含生物屑泥晶灰岩,表面常有一棕红或紫红色的氧化铁质圈。

砂屑灰岩:砂屑结构,颗粒磨圆度好,分选性好,亮晶砂屑灰岩常见,泥晶砂屑灰岩一般较少。岩石常具有交错层理、波痕等构造。

2)生物碎屑灰岩

岩石为生物碎屑结构,岩石命名时可用生物名称,如泥晶有孔虫灰岩、亮晶海百合灰岩等。

3)鲕粒灰岩

鲕粒含量在50%以上的石灰岩,具鲕粒结构,按胶结物的不同又分为亮晶鲕粒灰岩和泥晶鲕粒灰岩。我国华北地区普遍存在的中寒武系张夏组石灰岩是一种典型的鲕粒灰岩,成为张夏组的特征层。

4)晶粒灰岩

具晶粒结构的石灰岩,根据晶粒大小分为粗晶灰岩、中晶灰岩、细晶灰岩、粉晶灰岩及微晶(泥晶)灰岩。

2. 白云岩

岩石主要由白云石组成,但常混有方解石和黏土矿物,多呈浅灰色、浅黄灰色。粒屑结构、晶粒结构,块状构造。岩石滴稀盐酸不起泡,粉末缓慢起泡。

1)内碎屑白云岩

岩石由内碎屑和亮晶或泥晶构成,成分均为白云石。按内碎屑粒度,可分为砾屑白云岩、砂屑白云岩、粉屑白云岩。

2)泥晶白云岩

岩石由泥晶白云石组成,可含少量方解石、泥质、铁质等杂质,泥晶结构,块状构造。

3)细-粗晶白云岩

岩石由细-粗粒的白云石晶粒组成,浅灰色至灰色,断口呈砂糖状,是由较强烈的白云石化或重结晶作用形成的。

3. 泥灰岩

泥灰岩是石灰岩和泥质岩之间的一个过渡类型,其方解石含量在50%~75%,黏土矿物在25%~50%,呈浅灰、浅黄、浅红、紫红等颜色,泥晶-粉晶结构。风化后表面疏松,加稀盐酸强烈起泡,反应后表面出现一层黄色泥质薄膜。多呈薄层状,有时呈透镜体出现于泥质岩中。我国华北地区普遍存在的奥陶系石灰岩地层,含有多层此类泥灰岩地层,常与石灰岩层交替出现。

第五节　变质岩

一、变质作用及变质岩

由地球内力作用引起的使原岩发生转化再造的地质作用,称为变质作用,所形成的岩石称为变质岩。由岩浆岩经变质作用形成的称为正变质岩,由沉积岩经变质作用形成的称为副变质岩。变质岩在我国分布很广,从前寒武纪至新生代都有变质岩形成,但多数分布在古老的结晶地块和构造带中,在我国的山东、河北、山西、内蒙古等地均有大面积出露。

变质作用的因素,主要包括温度、压力以及具化学活动性的流体,温度是引起岩石变质的主要因素。压力作用可分为静压力和定向压力(应力)两种,静压力是由上覆岩石重量引起的,随着深度增加而增大,岩石结构变得致密坚硬;定向压力是由构造运动或岩浆活动引起的侧向挤压力,岩石在定向压力的作用下产生节理、裂隙或形成片理、线理、流劈理构造,发生破碎、形变等。

具化学活动性的流体以 H_2O、CO_2 为主要成分,并包含多种金属和非金属等物质的水溶液,是一种活泼的化学物质。当这些溶液在岩石孔隙中,由于压力差或溶液中活动组分的浓度差而引起流动时,便对周围岩石发生交代作用,产生组分的迁移,形成与原岩性质迥然不同的变质岩石。

二、变质作用的类型

(一)接触变质作用

接触变质作用发生在岩浆岩侵入体和围岩的接触面附近,主要是由岩浆携带的热量和从岩浆中析出的气水溶液使围岩发生变质的作用。按照引起接触变质的主导因素的不同,可分为下列两种。

1. 热接触变质作用

引起变质的主要因素是温度。岩石受热后发生矿物的重结晶、脱水、脱炭及物质成分的重结晶及重组合的一种变质作用,形成新矿物及变晶结构,但岩石中总的化学成分并无显著的变化。如石灰岩受热变质后,重结晶形成粒度较粗的大理岩。

2. 接触交代变质作用

引起变质的因素除温度外,从岩浆中分泌的挥发性物质对围岩进行交代作用,故原岩的化学成分有显著的变化,新矿物大量产生,结构构造也都发生变化。典型的是中酸性侵入体与石灰岩的接触带上,由于发生接触交代作用而形成的矽卡岩。

(二)气成热液变质作用

气成热液变质作用是由具有较强化学活动性的气体和液体对原岩进行交代而使岩石的矿物成分和化学成分等发生变化的一种变质作用。它既包括岩浆岩的自变作用,也包括各种围岩蚀变作用。

(三)动力变质作用

动力变质作用出现在大断裂上或构造运动强烈的地带,多呈狭长的带状分布。在构造运动产生的定向压力作用下,岩石发生变形破碎,一般温度不高,重结晶作用不强烈。

(四)区域变质作用

区域变质作用泛指在大面积区域范围内的一种变质作用,这种变质作用与区域性的岩浆活动、构造运动相互伴生,延续时间长,变质作用因素复杂,往往是温度、压力和具化学活动性流体等综合作用的结果,变质作用的深度从地下几千米至几十千米。

由于区域变质作用持续时间长,温度和压力变化大,因此在许多区域变质岩发育的地区,常常出现变质程度不同的岩石,在空间上呈明显的带状分布,称区域变质带。一般将区域变质带分为浅变质带、中变质带和深变质带。

(五)混合岩化作用

混合岩化作用是在区域变质作用基础上地壳内部热流继续升高,产生深部热液及局部重熔熔浆的渗透、交代、贯入等方式使岩石发生变质的作用。它是一种介于深度变质作用和岩浆作用之间的地质作用。

三、接触变质岩类

(一)斑点板岩

斑点板岩指泥质岩受到较弱的接触热变质作用形成的岩石。原岩成分大部分没有重结晶、重组合。岩石总体呈隐晶质,有铁质、炭质小斑点,新生矿物仅见绢云母、绿泥石、黑云母、红柱石、堇青石的雏晶。

(二)角岩

角岩是泥质岩经中级到高级接触热变质作用形成的。岩石常呈暗灰色至黑色,具角岩结构或基质为角岩结构的斑状变晶结构,块状构造。除变斑晶外,肉眼很难分辨基质的矿物成分。

(三)大理岩

大理岩是碳酸盐岩(石灰岩、白云岩)经热接触变质作用形成的,一般呈白色,含杂质时可呈现不同的颜色和花纹。矿物成分主要为方解石、白云石,可含蛇纹石、透闪石、硅灰石、滑石、透辉石等特征变质矿物。常见的有方解石大理岩、白云石大理岩、透闪石大理岩等。

(四)石英岩

石英岩是由石英砂岩或硅质岩受热接触变质形成的,一般呈白色或灰白色,当有含铁的氧化物时,呈褐色或红褐色。

(五)矽卡岩

矽卡岩是由中酸性岩浆侵入到碳酸盐岩中,岩浆中析出的高温气水热液与围岩发生交代作用(岩浆中的 Si、Al、Fe 等加入围岩,围岩中的 Ca、Mg 等进入岩浆),从而在接触带上形成的一种在矿物成分、结构构造都比较特殊的变质岩。形成于岩体边缘的叫内矽卡岩,形成于围岩部分的叫外矽卡岩。钙质矽卡岩是由中酸性岩浆与石灰岩、大理岩发生接触交代形成的。矽卡岩的颜色较深,多为红褐色、浅黄色或暗绿色。

四、气成热液变质岩类

气成热液变质岩是在热的气液态溶液作用下使原岩发生交代作用所形成的岩石。它可以产生于两种岩石之间或一种岩石本身,通常沿构造破碎带及矿脉边缘发育。

(一)蛇纹岩

蛇纹岩是由镁质超基性岩经气成热液变质作用,原岩中的橄榄石和辉石发生蛇纹石化所形成的。岩石一般呈暗灰绿色、黑绿色或黄绿色,色泽不均匀,有时成斑驳花纹,风化后颜色变浅,可呈灰白色。质软,具滑感。

(二)青磐岩

青磐岩是中基性浅成岩、喷出岩和火山碎屑岩在中低温热液作用下,经交代作用形成的。由于在安山质火山岩中最为发育,因此又叫变安山岩,一般呈灰绿色至暗绿色。

(三)云英岩

云英岩是由酸性侵入岩受气成高温热液交代作用蚀变所形成的岩石,一般颜色浅,呈浅灰色、浅绿色。

(四)次生石英岩

由中酸性火山岩等在硫质火山喷气和中低温热液的交代作用下蚀变形成,一般为浅灰或深灰色,隐晶质至细粒变晶结构,块状构造。

五、动力变质岩类

由动力变质作用形成的岩石,称为动力变质岩。动力变质作用主要与断层及韧性剪切带有关,常呈狭长带状分布,并具有一些特征的变形结构和构造。

(一)构造角砾岩

构造角砾岩是由构造运动(主要为断裂运动)使原岩破碎成角砾,经再胶结而形成的一种岩石。这种岩石具有典型的角砾状结构,如图1-11所示。岩石主要由大小不等的带棱角的原岩碎块组成,并被成分相同的细碎屑或部分外来物质(如硅质、铁质等)所胶结。本类岩石通常沿断裂带分布,是断裂带的显著标志之一。

(二)碎裂岩

碎裂岩是原岩在较强的应力作用下形成的,主要由粒度相对较小的岩石碎屑和矿物碎屑及岩石粉末构成。其胶结物可以是铁质、硅质或碳酸盐质,具碎裂结构或碎斑结构,如图1-12所示。

图1-11　断层角砾岩的角砾状结构　　　图1-12　花岗岩的破碎结构

(三)糜棱岩

糜棱岩是原岩遭受强烈挤压破碎所形成的具有糜棱结构的岩石。其粒度极细,比较均匀,岩石非常致密;有时因具有一定程度的硅化而比较坚硬;常具有类似流纹的条带状构造。

(四)千糜岩

千糜岩是与糜棱岩相似的细粒岩石,它是在强烈挤压应力作用下形成的。其矿物成分和结构、构造与千枚岩相似,岩石特点有:被磨细的矿物已大部分重结晶,形成绢云母、绿泥石、钠长石、绿帘石、石英等新生矿物。其次片理发育,可见一组或几组片理,有时见紧密小褶皱。

六、区域变质岩类

区域变质岩常呈大面积分布,其面积有的地区可达百万平方千米以上,对区域变质岩的分类方法较多,按照原岩类型、变质程度分类的主要岩石如表 1-13 所示。

表 1-13　常见区域变质岩分类

原岩类型	低级变质岩	中级变质岩	高级变质岩
黏土质岩石	板岩、千枚岩,绢云母片岩	白云母片岩、黑云母片岩	黑云母片岩、片麻岩
长英质岩石	变质砂岩、粉砂岩、砂质板岩、变质流纹岩、英安岩、凝灰岩、千枚岩、绢云片岩、石英岩	变粒岩、黑云母斜长片麻岩、云母石英片岩、长石石英岩、各种浅粒岩	片麻岩及变粒岩(浅色麻粒岩)、黑云母石英片岩及石英岩
碳酸盐岩	大理岩、钙质千枚岩	大理岩、钙质云母片岩	透辉石大理岩、镁橄榄石大理岩、钙质片麻岩、变粒岩
铁镁质岩石	绿泥石片岩、绿帘石片岩、阳起石片岩	斜长角闪岩、角闪片岩	斜长角闪岩、角闪石岩、麻粒岩、榴辉岩
镁质岩石	蛇纹石片岩、滑石片岩、绿泥片岩	(片状)角闪石岩、角闪石片岩	辉石岩、角闪石岩、橄榄石岩

(一)板岩

板岩变质程度很低,为具板状构造的区域变质岩。原岩的矿物成分基本上没有重结晶,如图 1-13 所示。板岩一般由泥质岩、粉砂岩、中酸性凝灰岩经轻微变质而成,通常按其颜色或含杂质的不同加以命名,如黑色炭质板岩、黄绿色粉砂质板岩、灰色凝灰质板岩等。

(二)千枚岩

千枚岩变质程度略高于板岩,为具千枚状构造的区域变质岩。原岩矿物成分基本上已全部重结晶,主要由微小的绢云母、绿泥石、石英、钠长石等矿物组成,一般按颜色和可判别的矿物成分进一步命名,如银灰色千枚岩、绿泥石千枚岩等,如图 1-14 所示。

图 1-13　板岩示意图

图 1-14　千枚岩示意图

(三)片岩

片岩是具有片状构造的区域变质岩,分布极为广泛,主要由片状矿物(云母、绿泥石、滑石)、柱状矿物(阳起石、透闪石、角闪石)和粒状矿物(长石、石英)组成。若粒状矿物含量小于50%,则以主要的片状矿物命名,如二云母片岩、绿泥石片岩;也可以主要的柱状矿物命名,如角闪石片岩。若粒状矿物含量大于50%,则以占主导地位的二种矿物命名,如白云母石英片岩。

(四)片麻岩

片麻岩是一种具有片麻状构造的区域变质岩,多为中粗粒粒状变晶结构,石英和长石的含量大于50%,且长石含量必须大于25%,片状、柱状矿物有云母、角闪石、辉石等。片麻岩可根据所含长石的种类分为钾长片麻岩和斜长片麻岩两类,分布广泛。

(五)斜长角闪岩

斜长角闪岩主要由角闪石和斜长石组成,矿物成分中角闪石等暗色矿物含量大于或等于50%,斜长石含量小于50%,石英很少或无,常见有石榴子石、绿帘石、云母和透辉石。

(六)变粒岩

变粒岩是一种粒状变晶结构的中等变质程度的区域变质岩,片理不发育,矿物成分主要是石英和长石(长石含量>25%),有时含有黑云母、白云母、角闪石,其总量不超过30%。当片状、柱状矿物含量较多时,可具弱片麻状构造。

(七)麻粒岩

麻粒岩是一种变质程度很深的变质岩,细粒到中粒花岗变晶结构,片麻状或块状构造,成分以长石为主,可含一定数量的石英。

(八)榴辉岩

榴辉岩是一种变质程度很深的区域变质岩,主要由辉石和石榴子石组成,辉石为绿辉石,呈绿色;石榴子石以镁铝榴石为主,为肉红色。不等粒变晶结构,块状构造。

第六节　地质构造

所谓地质构造,就是主要由构造运动造成的岩层和岩体的变形。变形有宏观,也有微观,构造地质学主要研究宏观变形,即肉眼可见的标本、野外露头乃至更大范围的构造形态,如岩层和岩体的产出状态,以及岩层和岩体中存在的褶皱、断层、节理、劈理、线理等。

一、岩层的成层构造及其产状

在地壳表层,沉积岩是分布最广的岩石类型,占地球表面71%的海洋,绝大部分被沉积物覆盖,陆地部分据估计也有75%的面积是沉积岩。成层构造是沉积岩中普遍存在的构造现象,在许多变质岩和部分火成岩中也可见到。

(一)岩层的成层构造

1.岩层和地层

岩层,主要指成层的沉积岩,也包括喷出岩和由二者经区域变质作用而成的变质岩。

它们是一定地质时期和一定地质作用的产物,大都具有层理或成层特征。因此,也比较清楚地反映了它们原始沉积(堆积)状况和后来构造变形的特征。从地壳发展历史的意义来说,有了时代(或层位)概念的岩层也就是地层。

2. 层理及其识别

层是组成层状岩石的最基本单位,它是由上下界面与其他岩石分开的、性质一致的地质体。层与层的界面叫层面,上下层面之间的垂直距离就是层的厚度。层可以很薄,如页岩和千枚岩厚度还不到 1 m;也可以相当厚,如一些石灰岩、砂岩厚度可达几米。层状岩石被许多层面分割,由于岩石成分、结构、颜色的交替而显示出来的成层现象,叫作层理。可根据以下几方面来识别层理:

(1)岩石成分、结构上的变化。如岩石组分上或矿物颗粒粗细的变化,出现成层,显示出层理。有时扁平砾石或原生结核排列成带,或云母成面状分布,也能显示出层理。这些都是块状砂岩或粗粒碎屑岩确定层理的良好标志。

(2)在层理隐蔽的岩石中,如看到一层或数层颜色稍有不同的条带或夹层,可作为确定层理的标志,这些条带和夹层必须是岩石的原生颜色,次生风化颜色则不能作为层理的识别依据。

(3)一些巨厚层岩石,如碳酸盐岩、砂岩、泥岩、砾岩等,可以从成分或粒度上不同的夹层或透镜体(如砂岩中夹砾岩层、碳酸盐岩夹泥质岩层、泥岩中夹砂砾岩层),或砾岩中砾石排列等来识别层理。

(4)根据某些原生层面构造,如波痕、泥裂、雨痕等的分布特征和一些生物化石分布、埋藏状态,可以帮助识别层理。

(5)在喷出岩中,则注意寻找沉积岩或成层明显的火山碎屑岩夹层,利用它们可以识别层理。

(6)在基性火山岩系中,凝灰岩常与熔岩互层,一般凝灰岩成层比较稳定,可以利用它来识别层理。

3. 岩层层序的确定

在野外观察研究地质构造时,先要正确判别岩层层序,岩层层序的确定是观察研究地质构造的前提。因为岩层形成后,经过构造变动,可以保持正常产状,即上层面(顶面)在上方,下层面(底面)在下方;也可以出现相反的情况,即上层面(顶面)在下方,下层面(底面)在上方,层序颠倒,即岩层产状发生了倒转。因此,弄清岩层层序,对观察研究地质构造具有非常重要的意义。

(二)岩层产状、出露特征及厚度

1. 岩层的产状

所谓产状,是指地质体(岩层、岩体、矿体等)在地壳中的空间分布位置和产出状态。岩层形成后,由于受地壳运动的影响,其原始产状发生了不同程度的改变,有的还保持了原来近于水平的产状,形成水平岩层;有些则发生倾斜,形成倾斜岩层;有些发生弯曲,甚至倒转,或者发生破裂错断,形成了各种各样的地质构造。

2. 岩层产状要素及其测定

1）岩层产状要素

（1）走向。岩层面与水平面相交的线称为走向线，走向线两端所指方向即为走向，表示岩层在空间的水平延伸方位，如图 1-15 所示。

（2）倾向。在岩层面上垂直岩层走向线沿倾斜面向下所引的直线称倾斜线，它在水平面上的投影称倾向线。倾向线所指岩层倾斜一端的方位即为岩层的倾向，简称倾向。倾向能说明岩层向下延伸的方位。

（3）倾角。岩层倾斜线与倾向线之间的夹角称岩层倾角。

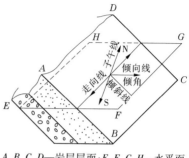

A,B,C,D—岩层层面；E,F,G,H—水平面

图 1-15　岩层产状要素

2）岩层产状要素的测定与表示方法

岩层产状要素的测定——测量岩层的产状要素，是地质调查中的一项基础工作。只有掌握岩（矿）层在各个地段的产状要素，才能正确认识区内的地质构造特征。测定岩层产状要素，可以在野外直接测定，也可利用其他方法间接测定。直接测定用地质罗盘直接在岩层层面上测量其倾向、倾角，测量时要注意选择有代表性又便于施测的层面；间接测定则是在不能直接用地质罗盘测量产状的地方，根据地质调查所得有关资料和数据进行间接推算。产状要素的表示方法有如下两种：

（1）文字表示法。这种方法多用于野外记录、地质报告及剖面素描中，一般采用方位角表示。将方位角分为 360°，以正北方为 0°（360°）。通常只记倾向和倾角，如岩层倾向 205°，倾角 25°，记为 205°∠25°。

（2）符号表示法。用于地质平面图上，如常用的符号有：岩层倾斜，长线表示走向，短线表示倾向，数字为倾角值；岩层水平，倾角 0°~5°；岩层直立，箭头指向新岩层；岩层倒转，箭头所指为倒转后倾向，数字为倾角值。

3. 水平岩层的出露特征及厚度

岩层形成以后，虽然经过一次或多次构造运动，仍保持水平状态，即岩层的同一层面上的各点具有相同的海拔，这就是水平岩层。所谓水平岩层，其产状也是相对水平，绝对水平是少有的，在实际的地质工作中，一般将倾角在 0°~5° 范围的岩层视为水平岩层。

在岩层没有发生倒转的前提下，水平岩层具有下列特征：

（1）老岩层在下，新岩层在上，显示正常的沉积层序。

（2）岩层在地面上的出露情况与地形切割程度有密切关系。切割越深，岩层出露越多。老岩层出露在冲沟、河谷等低洼处。

（3）水平岩层顶面与底面的高差，就是岩层的厚度。

（4）水平岩层出露的宽度，取决于岩层厚度与地形。当厚度一定时，地形越平缓，出露宽度越大。

4. 倾斜岩层的出露特征及厚度

由于构造运动的影响，原始水平产状的岩层发生变动，形成在一定地区内岩层大致向一个方向倾斜，其倾角介于水平岩层与直立岩层之间，就叫作倾斜岩层。

　　倾斜岩层在自然界最普遍、最常见,它往往是某种地质构造的一个组成部分,如为褶曲的一翼、断层的一盘。因此,正确认识倾斜岩层的特征,是分析、认识各种地质构造的基础。

　　(1)正常的倾斜岩层,新岩层在上,老岩层在下,显示和水平岩层类似的层序关系。但是有一部分倾斜岩层是倒转的,显示相反的新老关系,即老岩层在上,新岩层在下。

　　(2)岩层新老和地形高低没有一定关系。但是,倾斜平缓的岩层近似水平岩层,老岩层出露与否受到地形切割深度的影响。

　　(3)倾斜岩层露头线与地形等高线斜交,露头形态取决于倾斜程度和岩层的倾斜方向与地形倾斜方向的关系。一般来说呈波状弯曲。

　　(4)当岩层厚度一定时,露头宽度受岩层倾角、地形坡度以及岩层的倾斜方向与地形倾斜方向的关系诸因素影响。

　　5. 直立岩层的出露特征及厚度

　　岩层产状直立,一般是局部的现象,也可以看作是倾斜岩层的特例。直立岩层的特征如下:

　　(1)不显示上下关系,即不能按一般重叠次序判断岩层新老次序。

　　(2)直立岩层露头线是一条直线,不受地形切割影响。

　　(3)当地面水平时,直立岩层露头宽度就是它的厚度。

　　(三)地层的接触关系

　　由于岩层的形成受控于地壳运动,且地壳运动是很复杂的,反映在岩层之间的接触关系也有各种类型,但大致可归为整合和不整合两种基本类型。

　　1. 地层接触关系的类型

　　1)整合接触

　　当一个地区较长时期处在持续下降的沉积环境下,沉积物一层层连续堆积,这样形成的一套岩层,它们在时代上是连续的,在产状上是平行一致的,这样的一套岩层之间的接触关系称为整合接触。因此,具有整合接触关系的岩层特征是:上下岩层产状平行一致、时代连续、岩性稳定或做有规律的递变。

　　2)不整合接触

　　如果一个区域在沉积了一套岩层以后上升出水面,沉积作用中断了,并遭受一定程度的剥蚀,然后再次下降又接受沉积。这样一个过程,表现在先后沉积的两套地层之间缺失了一部分地层,上下地层时代是不连续的,也就是在一定的地质时期发生过沉积间断。上下地层之间这种接触关系称为不整合。新老地层之间存在一个沉积间断面,这个沉积间断面称为不整合面,不整合面在地面的出露线为不整合线,它是重要的地质界线之一。不整合面以上的较新地层,称为上覆地层,以下较老地层称为下伏地层。

　　根据不整合面上下地层的产状及所反映的地壳运动特征,不整合一般分为两大类,即平行不整合(假整合)和角度不整合(不整合)。在生产实践中,不整合即指角度不整合,否则应予以说明。

　　(1)平行不整合。表现为上下两套地层产状彼此平行,但两套地层之间缺失部分地层,说明在它们之间发生过一定时期的沉积间断。其形成过程可以概括地表示为:下降沉积—平缓上升遭受剥蚀(沉积间断)—再下降接受新的沉积。

(2)角度不整合。主要表现为不整合面上下两套地层之间既缺失部分地层,彼此的产状又相交。其形成过程可以概括为:下降沉积—隆起、褶皱、断裂并遭受剥蚀(沉积间断)—再下降接受新的沉积。

2. 地层接触关系的确定

不整合是地壳构造运动的产物。构造运动引起地表自然地理环境的变化,从而影响到生物界的演化和沉积岩性的变化。同时,构造运动还与岩层变形、区域变质作用和岩浆活动有着密切联系。因此,在这许多方面的反映,都可作为确定不整合的直接或间接标志。

二、褶皱构造

褶皱是岩层在构造运动作用下所产生的一系列弯曲,是地壳中广泛发育的地质构造的基本形态之一。

(一)褶皱的概念

褶皱的基本单位是褶曲。褶曲是岩层的一个弯曲,两个或两个以上的褶曲组合称为褶皱。

1. 褶曲要素

为了更好地研究和描述褶曲形态及其空间展布特征,首先应该对褶曲要素加以了解。任何褶曲都具有以下各要素(见图1-16):

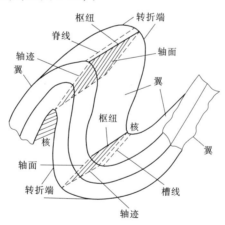

图1-16　褶皱要素示意图

核:褶曲的中心部分。通常只把褶曲出露地表最中心部分的岩层叫核。

翼:指褶曲核部两侧的岩层。一个褶曲具有两翼。两翼的岩层面与水平面的夹角叫翼角。

转折端:褶曲两翼会合部分,即从褶曲的一翼转到另一翼的过渡部分。没有太严格的界线,它可以是一点,也可以是一段曲线。

轴面:平分褶曲两翼的对称面称轴面。它可以是一个简单的平面,也可以是复杂的曲面。轴面产状可以是直立的、倾斜的、水平的。

枢纽:褶曲岩层的层面与轴面交线称枢纽。枢纽可以是水平的、倾斜的、直立的或波状起伏的。它表示褶曲在其延长方向上产状的变化。

轴迹:是指轴面与任何平面的交线。在褶曲的枢纽倾伏较缓的情况下,轴面和地面的交线在地质图上的投影叫轴迹或称褶轴。

脊线和槽线:在背斜构造中,同一个层面各横剖面上的最高点叫脊,它们的连线叫脊线;在向斜构造中,同一个层面各横剖面上的最低点叫槽,它们的连线叫槽线。

2.褶曲的基本形式

自然界岩层弯曲有各种各样的形态,但基本的形式只有两种,即背斜或向斜。

背斜:一般情况下背斜是一向上拱的弯曲,核部地层相对较老,两翼地层相对较新。

向斜:一般情况下向斜是一向下拗的弯曲,核部地层相对较新,两翼地层相对较老。

(二)褶皱的主要类型

褶曲在地壳中并非孤立存在,常在空间上作有规律的分布。褶皱形态种类繁多,大体有以下一些形态类型:

(1)复背斜和复向斜。都是由一系列线形褶曲组成的。复背斜是一规模巨大的背斜,两翼为与轴向延伸一致的次级褶皱复杂化。复向斜则是两翼为次级褶皱所复杂化的巨大向斜。平面上看复背斜核部地层较老,两翼次级褶皱核部地层依次变新,复向斜则相反。复背斜、复向斜规模巨大,常常出现在构造运动强烈地区。例如我国一些著名的大山脉,昆仑山、祁连山、秦岭等都是这样复杂的褶皱山脉。

(2)隔档式褶皱。平面上一般为线形延伸,背斜和向斜的轴线平行,横剖面上是陡峻的背斜和平缓开阔的向斜相间出现。

(3)隔槽式褶皱。平面上一般为线状延伸,横剖面上是较宽的箱状背斜和狭长的、陡峻的向斜相间排列。

(4)紧密褶皱。由紧密的线状背向斜组成,常伴有迭瓦状断层。其规模有大有小,在褶皱带内常见。

(5)同斜褶皱。由一系列倒转褶曲所组成,褶曲轴面和两翼岩层都向同一方向倾斜。

(三)褶皱的成因分析

岩层弯曲形成褶皱,其内因是岩性特征和岩石的力学性质,外因是构造运动力的作用方式。因此,可以从这两方面来分析褶皱的成因。

1.外力作用方式对褶皱变形的影响

造成岩层弯曲的力,一般可分为水平作用力和垂直作用力两种。

(1)水平作用力。使岩层发生弯曲变形的外力是水平的,也就是作用力平行于水平层理方向,力学上类似杆的纵弯曲,此类褶曲就称纵弯褶曲。自然界绝大多数褶皱形成于这种水平作用力。

(2)垂直作用力。使岩层发生弯曲变形的力的方向是垂直的,也就是作用力垂直沉积岩的层理方向,在力学上相当于横梁弯曲情况,此类褶曲就称为横弯褶曲。岩浆底辟和盐丘构造是此类褶曲的典型例子。

2.岩石力学性质、岩性特征及其对褶皱变形的影响

根据野外观察和模拟试验的结果,岩层的弯曲是由层间彼此滑动或层内物质流动造

成的,或者两者兼而有之。可见,层理在褶皱形成中起两种作用:第一,由于层理的存在,在变形过程中相邻岩层沿层面发生相对滑动,易于弯曲而成褶皱;第二,在变形过程中,层面起着限制物质流动的界面作用,岩石沿层面发生塑性流动。如果没有层理,只表现为岩石的缩短,而不会形成规则的弯曲形态。因此,沉积岩的层理构造是产生褶皱的基本条件。

三、节理

(一)节理及其分类

节理是指岩石中的破裂,这种破裂以两侧岩石未发生明显的相对位移为特征。节理的长度、密度往往相差悬殊,有的节理仅几厘米长,有的则几米、几十米长;节理之间的距离也不等。

节理在坚硬的岩石中往往有规律地成群出现。在同一地段,同一露头上可以看到许多产状、性质不同的节理。凡是同一时期、同一成因条件下形成的,性质相同而且互相平行的节理称节理组;同一作用力形成的彼此有规律结合的两组或两组以上的节理组称节理系。节理与断层、褶皱往往是伴生的,它们是在统一构造作用力的条件下形成的,通过节理分析,可以帮助解决有关褶皱和断层的构造成因问题。

根据节理走向与岩层走向平行、正交或斜交,节理可分为走向节理、倾向节理、斜交节理;根据节理走向与褶曲轴向平行、正交或斜交,节理可分为纵节理、横节理、斜节理等,如图 1-17 所示。

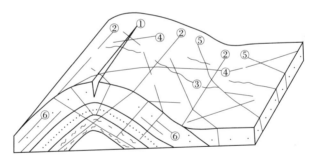

①②—走向节理和纵节理;③—倾向节理或横节理;
④⑤—斜向节理;⑥—顺层节理

图 1-17　节理的形态分类示意图

根据节理力学性质可分为张节理和剪节理两类。张节理是张应力超过岩石的抗张强度所形成的,节理面垂直张应力方向;剪节理是剪切应力超过岩石的抗剪强度所形成的,往往成对出现。节理的成因是多种多样的,大体可分为原生节理与次生节理两大类。原生节理是指岩石形成过程中产生的节理,如玄武岩中常见的柱状节理。次生节理指岩石形成以后产生的节理,它又可分为构造节理和非构造节理,构造节理是由于地壳运动产生的,非构造节理是由于风化、滑坡、崩塌等生成的。

(二)节理的特征及其与褶皱、断层的关系

张节理的特征是节理多为开口,呈楔状;裂隙面粗糙不平,常无擦痕,在砾岩中绕砾石

而过;延伸不深不远,沿走向和倾斜都尖灭很快;常成群出现,往往排列成雁行状或羽状;不同地段频度不同,疏密不均。

剪节理的特征是节理面平直,裂口窄;延长、延深较大而变化较小;可切穿砾石、结核等;节理面上常见擦痕或摩擦镜面;疏密有规律,常等间距出现。

岩层受弯曲形成褶皱的过程中,相应地产生下列节理:岩层弯曲前,形成平面上的共轭剪节理系,节理面与层理大致垂直,剪节理走向与随后生成的褶曲轴向斜交。随后,在岩层弯曲时,形成横剖面上的一对共轭剪节理系,节理面与层理面斜交,剪节理走向与褶曲轴向平行。

由于断层主要是剪切作用,在作用过程中,紧靠断层两侧可以伴生相应的张节理和剪节理。根据断层作用派生的节理与断层面的交角关系,可以推断断层两盘位移方向和断层性质。正断层和逆断层在剖面上判断,平移断层在平面上判断。张节理与断层面所夹锐角方向为本盘相对运动方向;剪节理多成对出现构成共轭节理系,其中一组与断层交角极小,其锐角也指向本盘运动方向,另一组与断层交角较大,其锐角所指方向为对盘运动方向。

四、断层

(一)断层的概念

岩石受力达到一定强度,破坏了其连续完整性,发生断裂,并且沿着断裂面(带)两侧的岩层发生显著的位移,称为断层。断层是构造运动中所产生的一种很广泛的构造形态,其规模大小不等,从小于 1 m、数米,到数百、数千千米不等。

1. 断层要素

断层的基本组成部分称断层要素。断层要素包括以下几个方面(见图1-18):

(1)断层面和断层破碎带。把岩层或岩体断开,并发生错动位移的破裂面叫作断层面。它可以是平面,也可以是弯曲或波状起伏的面;它可以是直立的,但大多数是倾斜的。确定断层面的产状,用走向、倾向和倾角来表示。大规模的断层不是沿着一个简单的面发生的,而往往是沿着一个错动带发生的,带内岩石发生各种破碎(破碎类型与断层性质有关),称为断层破碎带,其宽度从数厘米到数十米,甚至更宽。

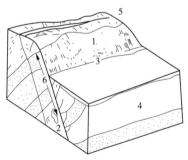

1—断层面;2—断层破碎带;3—断层线;
4—上盘;5—下盘;6—倾斜滑距

图 1-18　断层的几何要素示意图

(2)断层线。断层面与地面的交线称断层线。断层线表示断层的延伸方向。断层线的形状取决于断层面的产状和地面起伏形状。

(3)断盘。断层面两边发生相对位移的岩块叫作断盘。若断层面是倾斜的,那么位于断层面以上的岩块叫上盘,位于断层面以下的岩块叫下盘。如果断层面是直立的,则往往以方向来说明,如断层的东盘或西盘、左盘或右盘等。断盘又可以根据两盘的相对运动方向分别称为上升盘与下降盘。

2. 断距

断层两盘相对移动开的距离叫断距。假定在错开前有一原点,错开后分为两点,分别在上、下两盘上,其间的距离是总断距;断层上下两盘顺断层面走向的移动量叫走向断距;顺断层面倾斜方向的移动量叫倾斜断距;上下两盘在水平方向的移动量叫水平断距;在铅直方向的移动量叫铅直断距。这些断距都是总断距在不同方向上的分量。

但是,在自然界要找到总断距是很困难的。所以实际上在野外或地质图上所求得的断距是根据某一标准层的错开程度量得的。其中,经常采用的是在垂直岩层走向的剖面上测量断距,计有下列各种:

(1)视断距。断层两盘上同一岩层的同一层面错开后的位移量。

(2)地层断距。断层两盘同一岩层的同一层面间垂直距离。

(3)铅直地层断距。断层两盘同一岩层的同一层面在铅直方向上的距离。

(4)水平错开。断层两盘上同一岩层的同一层面在水平方向上的距离。

(二)断层的分类

为了认识断层存在的几何规律和断层的成因,可以从不同角度对断层进行分类。

根据断层走向与岩层走向的关系分类:

(1)走向断层。断层的走向与岩层走向一致,可以造成同一岩层的重复或缺失。

(2)倾向断层。断层的走向与岩层走向垂直,以造成岩层中断或走向不连续。

(3)斜交断层。断层的走向与岩层走向斜交。

根据断层走向与褶曲轴向或区域构造线的关系分类:

(1)纵断层。断层的走向与褶曲轴向或区域构造线一致。

(2)横断层。断层的走向与褶曲轴向或区域构造线垂直。

(3)斜断层。断层的走向与褶曲轴向或区域构造线斜交。

按断层两盘相对运动分类:

根据断层两盘的相对运动,可分为三种类型(见图 1-19)。需要指出的是,自然界断层的相对运动是复杂的,有些断层既有水平运动,又有上下运动,这里只介绍下面三种基本类型:

(a)正断层　　　　　(b)逆断层　　　　　(c)平移断层

图 1-19　断层两盘相对运动示意图

(1)正断层。断层上盘相对下盘向下滑动的断层。

(2)逆断层。断层上盘相对下盘向上滑动的断层。

(3)平移断层。断层两盘顺断层面走向相对滑动的断层。

（三）常见断层的一般特征

1. 正断层

1）正断层的基本特征

上盘相对下降，下盘相对上升，断层面倾角较陡，通常在 45°以上。主要由于地块受到水平引张而拉伸，一般认为正断层是地壳岩块受水平张应力和重力作用而形成的。正断层的规模有大有小，两盘相对位移可以小到不足 1 m，大到上千米，在地面延伸由数十米至几百千米，甚至上千千米。正断层由于倾角陡直，在地面多呈直线延伸。

2）正断层的组合类型

阶梯状断层：由若干条产状大致相同的正断层组成，它们各自的上盘相对在一个方向呈阶梯状下降。

地堑和地垒：两条或两组大致平行，断层面相向倾斜，中间岩块相对下降，两边岩块相对上升的正断层组合称地堑；与地堑相反，断层面相背倾斜，中间岩块相对上升，两边岩块相对下降的正断层组合称地垒，如图 1-20 所示。

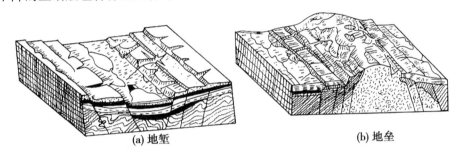

(a) 地堑　　　　　　　　　　　(b) 地垒

图 1-20　由阶梯状正断层组成的地堑和地垒

地堑和地垒常常共生。两个地堑之间必为地垒；同样，两个地垒之间必为地堑。大规模的地堑和地垒构造多与区域性的隆起和陷落有关。

2. 逆断层

逆断层的基本特征是上盘相对上升，下盘相对下降，断面倾角变化较大，一般把大于 45°的称冲断层，小于 45°的称逆掩断层，小于 25°的称逆掩断层。主要由于地块平挤压而压缩，一般认为逆断层是岩块受到水平挤压作用形成的。

3. 平移断层

1）平移断层的基本特征

断层产状陡直，两侧岩块沿断层走向方向发生错断，是地块受到挤压、拉伸和剪切等方式的变形而沿直立的共轭剪切面形成的。又可按两盘平移方向分为左推（左旋）和右推（右旋）两种。观察者视线垂直于断层走向，断层线对侧的断盘相对向左位移者为左推（左旋）平移断层，相对向右位移者为右推（右旋）平移断层。

2）平移断层组合类型

平移断层在平面上组合形式常呈平行式或斜列式。

（四）断层的观察和研究

在野外观察和研究断层时，首先要确定断层是否存在，然后确定断层面的产状，两盘相对位移方向和断层性质、成因等。现在把判断断层存在的各种标志分述如下。

1. 构造不连续

岩层、矿层、岩墙、岩脉、变质岩相带和侵入体相带以及褶曲、断层等,在正常情况下,它们各自按产状和形态有一定的延伸展布规律。当发现某些岩层、岩体等地质体或其他地质界线在平面或剖面上突然中断或错开时,这是断层存在的直接标志。

2. 地层的重复和缺失

在横穿岩层走向的路线观察或钻孔剖面中,按照这个地区的正常的地层层序,如发现某些地层按顺序重复出现;或者按区内正常地层层序应该存在的某些地层,发现它突然缺失,是断层存在的一个重要标志,如图 1-21 所示。

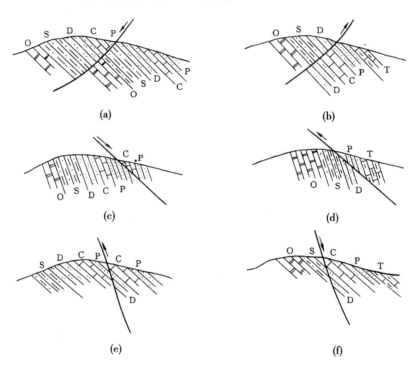

(a)、(c)、(f)—正断层;(b)、(d)、(e)—逆断层

图 1-21　走向断层造成的地层重复与缺失

3. 断层的伴生构造

在断层形成过程中,由于断盘相互挤压、错动和搓碎,常使断层面上、断裂带中或附近产生一些错动痕迹和伴生构造,这是认识断层的直接标志。

1)擦痕和阶步

擦痕是断层两盘沿断层面错动摩擦在断层面上留下的滑动痕迹,常呈平行的比较均匀的线条状,擦痕方向平行断盘相对运动方向。在断层滑动面上常有与擦痕同时存在而与擦痕线条相垂直的小阶坎,称为阶步。阶步的陡坎指示对盘运动方向。

2)断裂带和构造岩

在断层发生过程中,两盘岩块相互挤压、错动,常使主断面附近的岩石发生破碎,形成与断层面大致平行的断层破碎带。断层破碎带的宽度(厚度)有的只有几厘米,有的达几百米,甚至几千米。在断层带中构造力的作用,使原来岩石、矿物发生破碎、变形而形成

构造岩。构造岩是断层存在的直接标志之一。较常见的构造岩有:

(1)构造角砾岩。在断层错动过程中,岩石发生碎裂,碎块之间则为压碎研磨成的细粒和粉末填充胶结。正断层中发育的构造角砾岩,其角砾多呈棱角状;逆断层和平移断层的构造角砾岩,其角砾多呈磨圆状和压扁的透镜状。

(2)糜棱岩。岩石及其组成矿物几乎都被压碎成微粒,碎粒和残留的碎斑均呈明显的定向排列,形成糜棱结构。此类构造岩也是产生在逆断层和平移断层中,一般不发生在正断层中。

(3)断层泥。断层两侧的岩石性质较软而磨成细粉者称断层泥。

3)断层旁侧牵引构造

断层形成过程中,常使断层面旁侧岩层发生明显的弯曲,这种弯曲称为牵引褶曲或拖曳褶曲。牵引褶曲除作为断层标志外,其弯曲突出的方向还被认为代表本盘的位移方向。

4)地形、水文和植被上的标志

断层崖、断层三角面:断层上升盘可以露出地表形成悬崖,称断层崖。断层崖因受垂直于断层面的流水侵蚀而形成 V 形谷,谷与谷之间形成三角面,称作断层三角面。假如沿山前有一系列三角面存在,则很可能有断层存在。

山脉错开或中断:当平行排列的山脊彼此错开或截然与平原相接触,也可推测断层的存在。

断层谷、断层泉:顺断层线或地堑构造常形成断层谷,或者一系列湖泊、湿地或泉水出现。

植被变化:植物分布的特点有时也可以作为分析断层存在的一种标志。例如,有时沿着断裂带两侧因岩性不同而生长着不同的植物群落,有时在断层带因水分充足,生长着喜湿的高大植物等。

确定断层存在以后,应进一步测量断层产状,然后确定断层两盘相对位移方向。确定断层两盘相对位移方向的方法可以归纳为以下几点:

(1)根据断层两盘岩石的新老判断。倾斜岩层中的走向断层,一般情况下是较老地层出露的一盘为上升盘,较新地层出露的一盘为下降盘。

(2)根据褶曲核部宽窄变化或错开方向判断。切过褶曲的横断层或斜断层,在背斜中一般是上升盘一侧的核部比下降盘的核部宽;向斜则相反。如两盘核部宽度并无突变,只是核部和轴线错开,这是平移断层的表现。

(3)根据牵引褶曲判断。柔性较大的岩石断开时,断层两侧岩层常发生小型牵引褶曲。断层一盘的牵引弯曲末端指向另一盘滑动方向。

(4)根据断层擦痕、阶步判断。如果已经查明断层的产状和两盘位移方向,则断层的性质(正断层、逆断层和平移断层)就很容易判断了。

断层总是在被它切错的地层的时代之后形成的。如果被断层切断的一套地层之上被另一套较新的地层以角度不整合所覆盖。那么,我们可以确定该断层的形成时期是在不整合面以下一套地层中最新地层时代之后,而在不整合面以上一套地层中的最老一层时代之前,即其时代下限为下伏地层最新时代,其上限为上覆地层最老地层时代。

如果断层切错早期侵入岩体,后被晚期侵入体充填或吞蚀,那么该断层时代下限为早期侵入体形成时代,其上限为晚期侵入体形成时代,即形成于早期侵入体之后、晚期侵入体之前。如果一组断层被另一组断层错断,被错断的断层产生在前。两组断层互相错断,一般可认为是同期形成。

五、劈理和线理

劈理和线理是地壳上特别是变质岩区和强烈构造变形地带最常见的构造形态之一,是构造地质研究的重要对象。

劈理是岩石沿着一定方向平行排列的、密集的,能劈开成薄板或薄片的一种构造形态。劈理在强烈褶皱岩层、断层两侧和变质岩中较发育。劈理发育是岩石变形过程中的塑性变形到断裂变形的过渡阶段,它通常未破坏岩石的连续完整性,因而劈理不能简单理解为岩石的破裂变形。实际上,各种劈理都表现出不同程度的塑性变形的特征。

劈理面之间的岩石窄片叫作微劈石,劈理面之间的距离叫作间距。劈理大多数是很密集的,间距多为 1~2 mm 至几厘米,不足 1 mm 的也很常见,劈理密集程度也可以用频度表示,如每毫米或每厘米多少条。

线理是岩层中的小型和微型的相互平行的线状构造形态,例如岩石中的角闪石、蓝晶石或红柱石晶体的长柱作平行定向排列,就构成了线理。广义的线理包括沉积岩、岩浆岩和变质岩中所有的线状构造。

第七节　岩土分类及其鉴别特征

岩土的地质与水文地质性质极为多样,差别又很大,但从水文钻井的角度大致可分为两类:一类为第四系松散地层,亦俗称为土层;另一类为岩石地层。

一、第四系松散地层分类及其鉴别特征

松散地层按水文钻井复杂程度分类及其鉴别特征见表 1-14。

表 1-14　松散地层按水文钻井复杂程度分类及其鉴别特征

土层分类	土层特征
I	粒径≤0.5 mm,含量≥50%,含砾及硬杂质≤10%的各类砂土、黏性土
II	粒径≤2.0 mm,含量≥50%,含砾及硬杂质≤20%的各类砂土
III	粒径≤20 mm,含量≥50%,含砾及硬杂质≤30%的各类碎石土
IV	冻土层,粒径≤50 mm,含量≥50%,含砾及硬杂质≤50%的各类碎石土
V	粒径≤100 mm,含量≥50%的各类碎石土
VI	粒径≤200 mm,含量≥50%的各类碎石土
VII	粒径>200 mm,含量≥50%的各类碎石土

二、岩石地层分类及其鉴别特征

岩石按坚硬程度的定性分类见表 1-15,岩石按风化程度分类见表 1-16。

表 1-15 岩石按坚硬程度的定性分类

坚硬程度		定性分析	代表性岩石
硬质岩	坚硬岩	锤击声清脆,有回弹,震手,难击碎,基本无吸水反应	未风化 - 微风化的花岗岩、闪长岩、辉绿岩、玄武岩、安山岩、片麻岩、石英岩、石英砂岩、硅质砾岩、硅质石灰岩等
	较硬岩	锤击声较清脆,有轻微回弹,稍震手,较难击碎,有轻微吸水反应	(1)微风化的坚硬岩; (2)未风化 - 微风化的大理岩、板岩、石灰岩、白云岩、钙质砂岩等
软质岩	较软岩	锤击声不清脆,无回弹,较易击碎,有轻微吸水反应	(1)中等风化 - 强风化的坚硬岩或较硬岩; (2)未风化 - 微风化的凝灰岩、千枚岩、泥灰岩、砂质泥岩等
	软岩	锤击声哑,无回弹,有凹痕,易击碎,浸水后手可掰开	(1)强风化的坚硬岩或较硬岩; (2)中等风化 - 强风化的较软岩; (3)未风化 - 微风化的页岩、泥岩、泥质砂岩等
极软岩		锤击声哑,无回弹,有较深凹痕,手可捏碎,浸水后可捏成团	(1)全风化的各种岩石; (2)各种半成岩

表 1-16 岩石按风化程度分类

风化程度	野外特性	风化系数 K_F
未风化	岩质新鲜,偶尔见风化痕迹	$0.9 \sim 1.0$
微风化	结构基本未变,仅节理面有渲染或略有变色,有少量风化裂隙	$0.8 \sim 0.9$
中等风化	结构部分破坏,沿节理面有次生矿物、风化裂隙发育,岩体被切割成岩块。用镐难挖,用岩芯钻方可钻进	$0.4 \sim 0.8$
强风化	结构大部分破坏,矿物成分显著变化,风化裂隙很发育,岩体破碎,用镐可挖,干钻不易钻进	<0.4
全风化	结构基本破坏,但尚可辨认,有残余结构强度,可用镐挖,干钻可钻进	—
残积土	组织结构全部破坏,已风化成土状,锹、镐易挖掘,干钻易钻进,具有可塑性	—

注:1. 风化系数为风化岩石与新鲜岩石饱和单轴抗压强度之比。

2. 岩石风化程度,除按表列野外特性和定量指标划分外,也可根据当地经验划分。

3. 泥岩和半成岩,可不进行风化程度划分。

第二章 水井钻进水文地质基础

第一节 地下水分类

一、地下水的概念及分类

地下水有广义和狭义两种概念,广义的地下水是指赋存于地面以下岩石空隙中的水,包气带及饱水带中所有含于空隙中的水均属之;狭义的地下水仅指赋存于地面以下饱水带岩石空隙中的水,是水文钻井通常意义上所指的地下水,亦可称为重力水。

地下水的赋存特征对其水量、水质、时空分布等具有决定意义,其中最重要的是埋藏条件与含水介质类型。

所谓地下水的埋藏条件,是指含水岩层在地质剖面中所处的部位及受隔水层限制的情况。据此可将地下水分为包气带水、潜水及承压水。按含水介质类型,可将地下水区分为孔隙水、裂隙水及岩溶水,而两者组合又可分为不同类的地下水,见图2-1及表2-1。

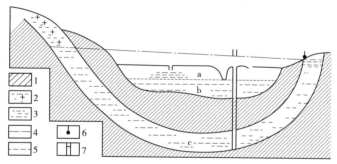

1—隔水层;2—透水层;3—饱水部分;4—潜水位;5—承压水侧压水位;
6—上升泉;7—水井;a—上层滞水;b—潜水;c—承压水

图2-1 潜水、承压水和上层滞水示意图

表2-1 地下水分类

埋藏条件	孔隙水	裂隙水	岩溶水
上层滞水	局部黏性土隔水层上季节性存在的重力水	基岩裂隙浅部季节性存在的重力水	裸露岩溶层上部岩溶通道中季节性存在的重力水
潜水	各类松散沉积物浅部的水	裸露于地表的各类基岩裂隙中的水	裸露于地表的岩溶层中的水
承压水	山间盆地及平原松散沉积物深部的水	被覆盖的组成构造的各类基岩裂隙层中的水	组成构造盆地、向斜构造或单斜断块的被覆盖的岩溶层中的水

应用上述分类分析问题时必须注意的是,任何分类都不可能不带有某些人为性,因而不可能完全概括纷繁复杂的自然现象,要根据实际问题做具体分析,恰如其分地做出合理判断与分类。

二、潜水

饱水带中第一个具有自由表面的含水层中的水称作潜水。潜水没有隔水顶板,或只有局部的隔水顶板。潜水的水面为自由水面,称作潜水面。从潜水面到隔水底板的距离为潜水含水层厚度。潜水面到地面的距离为潜水埋藏深度。

由于潜水含水层上面不存在隔水层,直接与包气带相接,所以潜水在其全部分布范围内都可以通过包气带接受大气降水、地表水或凝结水的补给。潜水面不承压,通常在重力作用下由水位高的地方向水位低的地方径流。潜水的排泄方式有两种:一种是径流到适当地形处,以泉、渗流等形式泄出地表或流入地表水,这便是径流排泄;另一种是通过包气带或植物蒸发进入大气,称为蒸发排泄。

潜水直接通过包气带与大气圈及地表水圈发生联系。所以,气象、水文因素的变动,对它影响显著,丰水季节或年份,潜水接受的补给量大于排泄量,潜水面上升,含水层厚度增大,埋藏深度变小。干旱季节排泄量大于补给量,潜水面下降,含水层变薄,埋藏深度加大。因此,潜水积极参与水循环,动态有明显的季节变化,资源易于补充恢复。

潜水的水质变化很大,主要取决于气候、地形及岩性条件。湿润气候及地形切割强烈的地区,利于潜水的径流排泄,而不利于蒸发排泄,往往形成含盐量不高的淡水。干旱气候及低平地形区,潜水以蒸发排泄为主,常形成含盐量高的咸水。

一般情况下,潜水面不是水平的,而是向排泄区倾斜的曲面,起伏大体与地形一致,但常较地形起伏缓和。潜水面上各点的高程称作潜水位。将潜水位相等的各点连线,即得潜水等水位线图。相邻两等水位线间作一垂直连线,即此范围内潜水的流向。用此垂线长度除以两端的水位差,即得潜水水力梯度。

三、承压水

充满于两个隔水层之间含水层中的水,叫作承压水。承压水含水层上部的隔水层称作隔水顶板,或叫限制层;下部的隔水层叫作隔水底板;顶、底板之间的距离,称为含水层厚度。

承压性是承压水的一个重要特征。如一个基岩向斜盆地,含水层中心部分埋没于隔水层之下,两端出露于地表。含水层从出露位置较高的补给区获得补给,向另一侧排泄区排泄,中间为承压区。补给区的位置较高,水由补给区进入承压区,受到隔水顶、底板的限制,含水层又充满水,水自身便承受了压力,并以一定压力作用于隔水顶板。要证实水的承压性并不难,用钻孔揭露含水层,水位将上升到含水层顶板以上一定的高度才会静止下来。静止水位高出含水层顶板的距离,便是承压水头。井中静止水位的高程就是含水层在该点的测压水位,当该测压水位高于地表时,便成了所谓的自流井。

承压水受到隔水层的限制,与大气圈、地表水圈的联系较弱。当顶、底板隔水性能良好时,它主要通过含水层出露地表的补给区获得补给,这里的水实际上已转为潜水,并通过范围有限的排泄区排泄。

承压水在很大程度上和潜水一样,来源于现代水的渗入补给,如大气降水、地表水入渗。但是,由于承压水的埋藏条件使其与外界的联系受到限制,在一定条件下,含水层中也可以保留年代很古老的水,有时甚至保留沉积物沉积时的水。例如,在海相沉积物中保留着当时的海水,在湖相沉积物中保留着当时的湖水。总体来说,承压水资源不像潜水资源那样容易补充、恢复,但由于其含水层厚度一般较大,具有良好的多年调节特性。

将某一承压含水层测压水位相等的各点连线,即得等水压线,即等测压水位线。在图上根据钻孔水位资料绘出等水压线,便得到等水压线图。这和潜水等水位线图一样,根据等水压线可以确定承压水的流向和水力梯度。在测压水位的高度上,并不存在实际的地下水面,等测压水位面是一个虚构的面,钻孔打到这个高度是取不到水的,必须打到含水层的顶面才能见到水。因此,等水压线图通常要附以含水层顶板等高线。

仅仅根据等水压线图,无法判断承压含水层和其他水体的补给关系。任一承压含水层接受其他水体的补给,必须同时具备两个条件,缺一不可:第一,水体(地表水、潜水或其他承压含水层)的水位必须高出此承压含水层的测压水位;第二,水体与该含水层之间必须有联系通道。承压含水层在地形适宜处露出地表时,可以泉或溢流形式排向地表或地表水体。也可以通过导水断裂带向地表或其他含水层排泄。当承压含水层的顶底板为半隔水层时,只要有足够的水头差,也可以通过半隔水层与其上下的水体发生水力联系。

在接受补给或进行排泄时,承压含水层对水量增减的反应与潜水含水层不同。潜水获得补给时,随着水量增加,潜水位抬高,含水层厚度加大,进行排泄时,水量减少,水位下降,含水层厚度变薄。承压含水层则不同,由于隔水顶、底板的限制,水充满于含水层中呈承压状态,上覆岩层的压力是由含水层骨架与含水层中的水共同承受的,上覆岩层的压力方向向下,含水层骨架的承载力及含水层中水的浮托力方向向上,方向相反的力彼此相等,保持平衡。当承压含水层接受补给时,水量增加,静水压力加大,含水层中的水对上覆岩层的浮托力随之增大。此时,上覆岩层的压力并未改变,为了达到新的平衡,含水层空隙扩大,将含水层骨架原来所承受的一部分上覆岩层的压力转移给水来承受,从而测压水位上升,承压水头加大。由此可见,承压含水层在接受补给时,主要表现为测压水位上升,而含水层的厚度加大很不明显。增加的水量通过水的压密及空隙的扩大而贮容于含水层之中。当然,如果承压含水层的顶、底板为半隔水层,测压水位上升时,一部分水量将由含水层转移到相邻的半隔水层中去。

因排泄而减少水量时,承压含水层的测压水位降低。这时,上覆岩层的压力并无改变,为了恢复平衡,含水层空隙必须作相应的收缩,将水少承受的那部分压力转移给含水层骨架承受。与此同时,由于减压,水的体积膨胀。当顶、底板为半隔水层时,还将有一部分水由半隔水层转移到含水层中。例如,铁道旁边的承压水井,在火车通过时可以看到井中水位上升,火车通过后,水位又恢复正常。这说明,由于火车的重量加大了对含水层的压力,含水层骨架压缩,从而使水承受了更大的压力。

承压水的水质变化很大,从淡水到含盐量很高的卤水都有。承压水的补给、径流、排泄条件愈好,参加水循环愈积极,水质就愈接近入渗的大气降水及地表水,为含盐量低的淡水。补给、径流、排泄条件愈差,水循环愈缓慢,水与含水岩层接触时间愈长,从岩层中溶解得到的盐类愈多,水的含盐量就愈高。有的承压水含水层,与外界几乎不发生联系,保留着经过浓缩的古海水,含盐量可以达到每升数百克。

四、上层滞水

当包气带存在局部隔水层时,在局部隔水层上积聚具有自由水面的重力水,这便是上层滞水。上层滞水分布最接近地表,接受大气降水的补给,以蒸发形式或向隔水底板边缘排泄。雨季获得补充,积存一定水量,旱季水量逐渐耗失。当分布范围较小而补给不很经常时,不能终年保持有水。由于其水量一般不大,动态变化显著,只能在缺水地区才能成为有意义的小型水源或暂时性供水水源。

第二节　孔隙水

一、洪积物中的地下水

洪积物是集中的洪流出山口堆积形成的,分布于山与平原交接部位,或山间盆地的周缘,地貌上表现为以山口为顶点的扇形或锥形,扇、锥之间形成洼凹。此类扇、锥盆愈近山口,坡度愈陡,向外逐渐趋平而没入平原之中,因此称为冲出锥或洪积扇。

洪积物的地貌反映了它的沉积特征。被狭窄而陡急的河床束缚的集中水流,出山口后分散,流速顿缓,并由山口向外递次变慢,水流挟带的物质,随地势与流速的变化而依次堆积。扇的顶部,多为砾石、卵石、漂砾等,不显层理,或仅在其间所夹细粒层中显示层理;向外,过渡为砾、砂为主,开始出现黏性土夹层,层理明显,没及平原的部分,则为砂与黏粒土的互层。流速的陡变决定了洪积物分选不良,即使在卵砾石为主的扇顶,也常出现砂和黏性土的夹层或团块,甚至出现黏性土与砾石的混杂沉积物,而向下分选变好。

洪积扇上部,粗大的颗粒直接出露地表,或仅覆盖薄土层,十分有利于吸收降水及山区汇流的地表水,是主要补给区。向下,随着地形变缓、颗粒变细,透水性变差,地下径流受阻,潜水壅水而水位接近地表,形成泉与沼泽。径流途径加长,蒸发加强,水的矿化度增高,此带为溢出带,或称盐分过渡带,现代洪积扇的前缘即止于此带。再向下即没入平原之中,由于地表水的排泄及蒸发,潜水埋深又略增大,岩性变细,地势变平,蒸发成为主要的排泄方式而使水的矿化度显著增大,在干旱地带,土壤常发生盐渍化,是潜水下沉带或盐分堆积带。

在我国干旱的山间盆地,洪积扇地下水的分带性最为典型,水型常由上带的重碳酸盐水,经中带硫酸盐水,转为下带的氯化物水。在半干旱的华北地区,虽然水型仍有变化,但溢出带往往不够典型。到我国南方,则连矿化度的变化也不显著了。

二、冲积物中的地下水

冲积物是经常性水流形成的沉积物,河流的上、中、下游沉积特征不同。在山区河流的上游,卵砾石等粗粒物质及上覆的黏性土层构成阶地,赋存潜水。山区河流切割阶地,雨季河水位常高于潜水而补给后者,雨后潜水泄入河流。枯水期河水流量实际上是地下水的排泄量。

平原河流的下游坡降变缓,流速变小,河流以堆积作用为主,河床淤浅,洪水泛滥溢出河床后流速变缓,在河床两侧堆积形成"自然堤"。随着河床不断淤积与自然堤不断抬高,河床高出周围地面,成为"地上河"。我国的黄河是典型的地上河,天然淤堆与历史上为防止黄河泛滥修筑的人工堤互为因果,使黄河成为华北平原的一个"分水岭"。占据高位的地上河,经常冲决自然堤与人工堤而游动改道,形成许多掩埋及暴露的古河道,河床中多沉积中粗砂、粉细砂,向外地势渐低,依次堆积亚砂土、亚黏土、黏土等。

山区河道由于不断袭夺改道,原有古河道中留下沿谷条状分布的砂砾含水层。平原及盆地中被掩埋于深处的古河道,常构成承压含水层。冲积物中的含水层,实际上是舌状分布的粗粒条带,沿水流方向延伸很远,宽度及厚度有限,在剖面中多呈延伸不远的透镜体。

同一时期的冲积物,由于河流往复摆动改道,形成黏性土中一系列舌状砂带,各个舌状砂带间通过隔水性能差的部位,保持着千丝万缕的水力联系。从这一角度讲,仍可以看作一个统一的含水层。冲积物中的承压含水层接受来自山前洪积扇补给区潜水的补给,最终排入地势低处的潜水或地表水体之中。

三、湖积物中的地下水

湖积物属于静水沉积,颗粒分选好,层理细密,岸边沉积粗粒,向湖心逐渐过渡为黏性土,构成含水层的粗粒物质,展布较广,厚度可达上百米,剖面上多呈层状或延伸相当远的透镜体,随地形、气候、湖盆规律等条件变化,湖积物含水层的规模及透水性不同。

潮湿气候下的湖泊,当没有河流穿越湖泊时,波浪力是唯一的分选营力,波浪反复摆动,将粗粒推向岸边,细粒沉于湖心。当湖泊距山较远时,只有组成湖岸的物质中没有粗粒成分,往往从湖岸开始就堆积粉细砂,向中心过渡为黏土。干旱气候下,平原湖泊在强烈蒸发条件下,可能在湖滨地带形成泥灰岩,向湖心过渡为石灰岩、石膏、岩盐等化学沉积。

丘陵山区的湖泊沉积,颗粒较为粗大,边缘地带为卵砾石或砂砾石,向湖心过渡为砂及黏性土。有时,洪积扇直接伸入湖泊之中,湖边为洪积物,向内渐变为分选较好的粗粒湖积物,这两种条件有利于形成粗粒含水层。

河流穿过不大的湖泊时,后者实际上构成河道中宽广的地段,流水条件下形成的沉积物与冲积物很少有区别,河流注入规模大的湖泊,沉积物由流水分选转为静水分选,在入湖处形成三角洲沉积。近山河流注入湖泊形成的三角洲沉积,常可形成良好的含水层。

四、滨海三角洲沉积物中的地下水

河流注入海洋,水流进入静止水体后的流速顿然变慢,且因脱离河道束缚而流散,随着流速远离河口而降低,沉积物的粒度也变细。

进入海中的水流仍有一定流速,水流两侧流速缓慢处形成自然堤,从而在开阔的海洋中建立起河道,河道堆积到一定高度,水流冲决自然堤而往复摆动,并不断向海中延伸,形成酷似洪积扇的三角洲。

三角洲的形态结构可划分为三个部分:河口附近主要是砂,堆积物直达水面,表面坡度平缓,为三角洲平台;向外渐变为坡度较大的三角洲斜坡,主要由粉细砂组成;再向外为原始三角洲,沉积淤泥黏土。滨海三角洲沉积一般属半咸水沉积,虽然其中包含有含水层,但若未经过淡水长期淋洗,矿化度过高,不能用于供水。

五、黄土中的地下水

我国西北及华北地区广泛分布的黄土,具有风成、洪积、冲积、湖积等多种原因。中更新世周口店黄土及上更新世马兰黄土的岩性、结构及透水性均有差别。周口店黄土一般呈暗黄色或棕黄色,有的地区微显红色,厚度为数十米,最厚时达 200 m,多为粉土质亚黏土,其中常夹十余层深棕至棕黑色古土壤层,古土壤层下约 2 m 处分布有钙质结核层,垂直节理发育,多虫孔、根孔等大孔隙。节理及大孔隙是透水的主要通道,主要沿垂向发育,故黄土的垂向渗透系数常比水平方向大几倍。黄土固结程度较高,随着深度加大,空隙减少,渗透性变差。黄土地区总体上比较缺水,这是气候、岩性、地貌综合影响的结果。

此外,在大的河谷中还可见到黄土中夹有砂砾层或透镜体,其中含较丰富的地下水。位于黄土层底部的砂砾层,有的属于下更新世的沉积。黄土中含溶盐多,降水较稀少,地下水矿化度普遍较高。在最干旱的北部,地下水一般为矿化度 3~10 g/L 的硫酸盐-氯化物水;相对湿润的南部,为矿化度小于 1 g/L 的重碳酸盐水;在同一地区,水的矿化度随径流途径增长而显著增高。

六、冰碛物及冰川沉积物中的地下水

冰碛的特点是大小混杂,分选极差,粗粒物质棱角分明,大的漂砾直径达几米、几十米,与细粒的黏土混杂存在。大小石块随冰川移动,帮助冰川挖掘两侧及底部被节理切割的岩块,并磨蚀凸出的岩石,黏土便是磨蚀的产物。冰碛物分选不良,含有大量黏土,一般不能构成含水层。

冰川消融后,融冰水以各种方式将冰碛物重新搬运分选,形成冰水沉积。融冰水汇成洪流、河流或湖泊,相应地可形成洪积物、冲积物及湖积物中的含水层。

第三节　基岩裂隙水

一、成岩裂隙水

成岩裂隙是岩石在成岩过程中受到内部应力作用而产生的原生裂隙。沉积岩固结脱水,岩浆岩浆凝收缩等均可产生成岩裂隙。沉积岩及火成岩浆岩的成岩裂隙通常多是闭合的,含水意义不大。

陆地喷溢的玄武岩成岩裂隙最为发育,岩浆冷凝收缩时,由于内部张力作用产生垂直于冷凝面的六方柱状节理及层面节理,大多张开且密集均匀,连通良好,常构成贮水丰富、导水通畅的层状裂隙含水系统。

由于玄武岩岩浆成分不同及冷凝环境的差异,其成岩裂隙发育程度亦很不相同,如我

国内蒙古一带的第三纪玄武岩,致密块状与气孔发育交互成层,前者柱状节理发育,透水性好,后者则构成隔水层。

岩脉及侵入岩接触带,由于冷凝收缩,以及冷凝较晚的岩浆运动产生应力,张开裂隙发育,常形成近乎垂直的带状裂隙含水系统。

熔岩流冷凝时,留下喷气孔道,或当表层凝固时,下部未冷凝的熔岩流走而形成熔岩孔洞或管道。这类孔道洞穴最大直径可达数米,钻孔遇到时会出现掉钻、泥浆大量漏失等,往往可以获得可观的水量。

二、风化裂隙水

暴露于地表的岩石,在温度变化和水、空气、生物等风化营力作用下,形成风化裂隙。风化裂隙常在成岩裂隙与构造裂隙的基础上进一步发育,形成密集均匀、相互连通的裂隙网络。风力营力决定着风化裂隙呈壳状包裹于地面,一般厚数米到数十米,未风化的母岩构成隔水底板,故风化裂隙水一般为潜水。被后期沉积物覆盖的古风化壳,可赋存承压水,如图2-2所示。风化裂隙的发育受岩性、气候及地形的控制。单一稳定矿物组成的岩层(如石英岩),风化裂隙很难发育,泥质岩石虽易风化,但裂隙易被土状风化产物充填而不导水。由多种矿物组成的粗粒结晶岩(花岗岩、片麻岩等),由于不同矿物热胀冷缩不一,风化裂隙发育,风化裂隙水主要发育于此类岩石中。

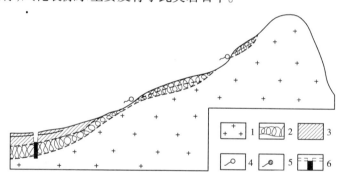

1—母岩;2—风化带;3—黏土;4—季节性泉;5—常年性泉;6—井及地下水位

图2-2　风化裂隙水示意图

气候干燥而温差大的地区,岩石热胀冷缩及水的冻胀等物理风化作用强烈,有利于形成导水的风化裂隙。如果地形条件也利于汇集降水,则可能形成规模稍大,常年能提供一定水量的风化裂隙含水量。

三、构造裂隙水

(一)构造裂隙发育规律与岩层透水性

构造裂隙是岩石在构造运动中受力产生的,在岩石性质(内因)和构造应力(外因)的控制下,裂隙的张开性、密度、方向性及连续性均有显著区别。

根据力学性质,可将岩石区分为塑性的和脆性的两大类,塑性岩石以页岩、泥岩、凝灰岩、千枚岩等为代表,受力后发生塑性形变,破坏以剪断为主,常形成闭合的乃至隐蔽的裂隙。这类岩石裂隙密度较大,但是张开性差,延伸不远,缺少对地下水贮存和运动有意义的"有效裂隙",多构成隔水层。

块状致密石灰岩可作为脆性岩石的代表。此类岩石主要呈现弹性形变,破坏时以拉断为主,裂隙虽较稀疏,但张开性好,延伸远,导水能力好。

粗粒碎屑岩的裂隙发育取决于粒度及胶结物成分,钙质胶结者显示脆性岩石特征,泥质及硅质胶结者与塑性岩石相近。粗颗粒的砂砾岩,裂隙张开性优于细粒的粉砂岩。

应力对于裂隙性质有控制作用,与主要构造线方向一致的纵节理,以及垂直主要构造线的横节理,是张应力作用下形成的,一般张开性好,为导水裂隙;剪应力造成扭节理,节理面比较平整封闭,多半不导水。

应力集中的部位,裂隙常较发育,岩层透水性也好。在同一裂隙含水层中,背斜轴部常较两翼富水,倾斜岩层较平缓岩层富水,断层带附近往往格外富水。

夹于塑性岩层中的薄层脆性岩层,往往发育密集而均匀的张开裂隙。褶皱时,塑性岩层沿层面方向流展,对夹于其间的脆性岩层施加一个顺层的拉张力,脆性岩层被拉断而形成张裂隙。脆性岩层的夹层越薄,抗拉能力愈小,张开裂隙就越密集。这样的夹层常是山区找水的理想布井层位。

随着深度加大,围压增加,地温上升,岩石的塑性加强,易于发生流变剪切,而裂隙张开性变差,因此裂隙岩层的透水性通常随深度增大而减弱。

(二) 裂隙含水系统

由于岩性变化和构造应力分布的不均匀,通常很难在整个岩石中形成分布均匀、相互连通的张开裂隙系统。夹于塑性岩层中的薄层脆性岩石,由于变形时应力分布均匀,整个岩层中形成密集均匀的张裂隙,构成具有统一水力联系的层状裂隙含水系统。在其中打井,井的出水量比较接近,水质与动态比较一致,所赋存的是层状构造裂隙水。

通常,同一岩层的不同部位,岩性与应力分布均匀,裂隙密度与张开性也有差别,在应力集中或岩性有利的部位,张开裂隙相互连通,构成裂隙含水系统。同一岩层中可包含若干个裂隙含水系统。各个系统内部具有统一水力联系,水位受该系统最低出露点的控制,各个系统之间缺乏水力联系,水位各不相同。裂隙含水系统的水量大小取决于其规模,规模大的系统贮容能力大,补给范围广,水量丰富,泉的流量动态比较稳定,此类裂隙含水系统可作为较好的供水水源。

裂隙含水系统,实际上多由不同级次的裂隙组合而成,层状岩石一般可出现以下各级裂隙:①大裂隙,多为纵张裂隙或横张裂隙,间距为数十米或数百米,宽度较大,可穿切多个层次;②层面裂隙,褶皱轴部,尤其是背斜轴的岩层,由于伸张而沿层面脱开形成层面张裂隙,两翼岩层沿层面滑动形成层面扭裂隙,不平整的层面经过滑动,凸出部分密接承力,其余部分在广大范围内张开连通,如图2-3所示;③小裂隙,延伸主要限于某一岩性层次的各个裂隙组。

各级裂隙并不当然地构成统一含水网络。在应力集中的部位,不但大裂隙发育,层面裂隙也因强烈滑动而扩张,并带动层面之间的剪切裂隙扭张,不同级次的裂隙普遍扩容、连通,便在一定范围内构成含水裂隙网络,如同由毛渠到干渠的各线渠道连成的一个渠系。

有时,岩层中可能存在大量微细裂隙孔隙,跟贮水能力有限而导水能力强的较大裂隙

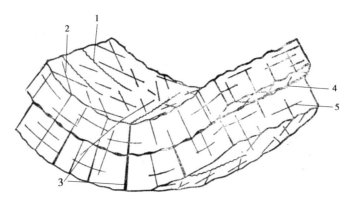

1—横裂隙;2—斜裂隙;3—纵裂隙;4—层面裂隙;5—顺层裂隙

图 2-3　层状岩石构造裂隙示意图

相结合,构成多级次裂隙－孔隙含水系统,可以提供持续而稳定的水量。

(三)构造裂隙水的某些其他特点

发育构造裂隙的岩层,透水性常显示各向异性,某些方向上的裂隙张开性好,另一些方向上的裂隙张开性差,甚至闭合。

构造裂隙水可以是潜水,也可以是承压水,然而,即使是构造裂隙潜水,只要不是裂隙发育十分密集均匀,往往显示局部的承压性,井孔揭露含水裂隙时,水位将上升到一定高度,有时井孔还可自喷。构造裂隙水是在位置与方向均受到限制的空间上运动的,因此其局部流向往往与整体流向不一致,迂回绕行,有时甚至与整体流向正好相反,在平面及剖面上,局部流向多不垂直于等水头线,与孔隙水的流动明显不同。

(四)断层带的水文地质意义

断层带是应力集中释放造成的破裂形变,大的断层延伸数十千米至数百千米,断层带宽达数百米,穿切不同岩层,常构成有特殊意义的水文地质体。

第四节　岩溶水

地下水对可溶岩石进行化学溶解,并伴随以冲蚀作用及重力崩坍,在地下形成大小不等的空洞,在地表造成各种独特的地貌现象以及特殊的水文现象,上述作用及由此产生的各种现象,称为岩溶(喀斯特)。赋存并运移于岩溶化岩层中的水称作岩溶水(喀斯特水)。水量丰富的岩溶含水系统,是理想的大型供水水源。

一、岩溶发育的基本条件与种类

可溶性岩层是发生溶蚀作用的必要前提,它必须具有一定透水性,使水能进入岩层内部进行溶蚀。纯水对钙、镁类碳酸盐的溶解能力很弱,含有 CO_2 及其他酸类时,侵蚀能力才显著提高。具有侵蚀能力的水在碳酸盐岩中停滞而不交替,很快成为饱和溶液而丧失其侵蚀性,因此水的流动是保持溶蚀作用持续进行的必要条件。

可溶性岩主要是指碳酸盐岩类,如石灰岩、白云岩、大理岩等;碳酸盐岩的成分与结构都影响其溶蚀强度;碳酸盐岩由不同比例的方解石和白云石组成,并含有泥质、硅质等杂质。实验表明,纯方解石的溶解速度约为纯白云石的 2 倍,故纯灰岩的岩溶最为发育,白云岩次之,而硅质、泥质灰岩最难溶蚀。碳酸盐岩多是浅海沉积,沉积模式与碎屑岩相似。结构不同的碳酸盐岩,以生物礁岩最易溶蚀,它主要由生物碎屑组成,孔隙大且多。泥晶粒屑碳酸盐岩及泥晶碳酸盐岩次之。亮晶碳酸盐岩,尤其是经过重结晶作用的亮晶碳酸盐岩,孔隙度小,最不易溶蚀。经受白云岩化的白云质灰岩、灰质白云岩等,虽然增加了较难溶的白云石,但由于方解石白云岩化后体积变小,孔隙度增大,有利于发育分布均匀的溶蚀小孔,多形成岩溶中等发育的均一含水层。

厚层质纯的灰岩,构造裂隙发育很不均匀,各部分初始透水性差别很大,溶蚀作用集中于水易于进入与流动的裂隙发育部位,这是岩溶发育不均匀的一个重要原因。

薄层的碳酸盐岩,通常裂隙发育比较均匀,连通性好的层面裂隙尤其发育。由于其层厚限制了水的流动,且一般含杂质较多,故岩溶发育比较均匀而不强烈,主要表现为溶蚀裂隙。

泥质灰岩的构造裂隙张开性差,不溶的泥质充填裂隙会阻碍水的循环流动,它的透水性与岩性成分都不利于溶蚀作用。

岩溶发育的一个绝对必要的条件是水的流动。在水流停滞的条件下,随着 CO_2 不断消耗,达到化学平衡状态,水成为饱和溶液而完全丧失其侵蚀能力,溶蚀作用便告终止。只有当地下水不断流动,富含 CO_2 的渗入水不断补充更新,水才能经常保持侵蚀性,溶蚀作用才能持续进行。

由此可以得出一个非常重要的结论,地下水的径流条件是控制岩溶发育最活跃、最关键的因素。地下径流愈强烈,地下水的侵蚀性愈强,通过的水量愈多,水流溶解带走的 $CaCO_3$ 也愈多,在可溶岩中留下的空洞总体积就愈大。从这个意义上说,可溶岩中的溶洞乃是水流的"化石印模",它保存着地质历史时期地下水径流方向、强度以至持续时间的信息。

二、岩溶含水介质的特征

岩溶水在局部上联系很差,在大范围上却具有统一的水力联系。由此可认识到,岩溶水在总体上并非孤立的管道流,而是裂隙 – 管道水流系统。由于大泉都从溶洞流出,钻孔与坑道只是在揭露溶洞时才有比较可观的水量。此前人们一直认为,溶洞是含水介质的主要部分,管道流是岩溶水的主要存在形式。但近年来对岩溶水动态的深入研究发现,较大的溶洞只占含水空间的百分之几到百分之十几,较微细的裂隙才是主要的含水空间。

岩溶含水介质是多级次的空隙系统,典型情况下包含下列尺寸不等的空隙:①岩溶管道,通常直径数十米到数米,其中还可能包括体积十分巨大的溶洞;②各级构造裂隙,宽大者溶蚀显著,细小者溶蚀微弱;③成岩过程中形成的各种原生空隙与缝隙,包括粒间空隙、生物体腔孔、干缩缝、晶间孔隙,以及在成岩过程中与淡水接触、发育的各种溶蚀孔道;④充填溶洞的松散沉积物的孔隙。

三、岩溶水的运动特征

在尺寸大小悬殊的空隙中流动的岩溶水,运动状态相当复杂。裂隙网络与较小的溶蚀管道中的水作层流运动,而巨大的干流通道中洪水期流速高达每昼夜数千米,呈紊流运动。

岩溶水可以是潜水,也可以是承压水。然而,即使赋存于裸露的巨厚纯质碳酸盐岩块中的岩溶潜水,也与松散沉积物中典型的潜水不同,岩溶管道断面沿流程变化很大,部分管道往往完全充水而局部承压。

岩溶管道与周围裂隙网络中的水流并不是同步运动的。雨季,通过地表的落水洞、溶斗,岩溶管道迅速、大量地吸收降水及地表水,水位抬升快,在向下游流动的同时,还向周围裂隙网络散流。枯水期,管道中形成水位凹槽,而周围裂隙网络保持高水位,沿着垂直于管道流的方向汇流。

四、岩溶水的补给、排泄与动态

在我国南方的岩溶区,降水入渗常达降水量的80%以上,北方一般为40%~50%,个别也可达80%以上。在岩溶地区,降水通过落水洞、溶斗等直接流入或灌入,在短时间内,通过顺畅的途径,迅速补给岩溶水。流入岩溶地区的河流,往往全部转入地下。地下河系化的结果是成百甚至成千千米范围内的岩溶水,集中地通过一个大泉或泉群排泄。

岩溶山区往往地下水位深达百米或数百米,从而形成严重的缺水区。这是因为岩溶水集中排泄,广大范围内地下水面坡向一致,而地下水面的坡度远小于地形坡度。

灌入式的补给、畅通的径流以及集中排泄,决定着岩溶水水位动态变化十分强烈,远离排泄区的地段,地下水位年变化幅度可达数十米乃至数百米,变化迅速而缺乏滞后。

在我国,南、北方岩溶泉的动态有明显区别。南方岩溶泉对降水的反应灵敏,流量季节变化大,最大流量常为最小流量的上百倍。雨季与旱季分明时,可以参照水文分割法,将泉流量分割为"洪峰"及"基流"两部分,后者是含水裂隙网络汇集贮水空间中的水"补给"地下河的"基流"。

北方岩溶大泉动态稳定可能与岩溶含水介质特性有关。我国北方气候温凉少雨,山区植被土壤不甚发育,碳酸盐岩多被非可溶岩覆盖,岩溶发育强度远不如南方,含水介质以溶蚀裂隙为主,大的岩溶通道较少且充填,因此水流受滞而呈现良好的调节性。

第五节　地下热水

一、地表层的地温分布

大地的表层有两个热能来源:一方面来自太阳的辐射,另一方面来自地球内部的热流。根据受热源影响的程度,大地的表层又可分为三个温度层带:变温带、常温带及增温带。

变温带是受太阳辐射影响的地面表层。由于太阳辐射能的周期变化,本层带出现地温的昼夜变化和季节变化,变化幅度随深度加大而迅速变小。地面以下1~2 m深处,地温的昼夜变化已觉察不到。变温带下限深度一般为15~30 m,在此深度以下,地温年变化已小于0.1 ℃,为多年常温带。

多年常温带实际上厚度很小,地温一般比当地年平均气温高出 1 ~ 2 ℃。在做概略计算时,可将当地的多年平均气温作为该常温带地温。

在常温带以下,地温受地球内热影响,温度通常随深度加大而有规律地升高,这便是增温带。增温带中地温变化常用地温梯度(地热梯度)表示,它是指每增加单位深度时地温增加的数值,通常以℃/100 m 为单位。

地下水的温度一般受其赋存、循环场所的地温控制,由于地温的变化幅度远小于气温的变化幅度,所以地下水往往给人以"冬暖夏凉"的感觉,一般而言,常温带的地下水水温与当地多年平均气温相近。处于增温带的地下水温度,则常随其赋存的埋藏深度增大,地下水的温度也将逐步升高。

已知多年平均气温(t)、多年平均常温带深度(h)、地温梯度(r)时,可概略计算某一深度(H)的地下水水温(T),即

$$T = t + (H - h)r \tag{2-1}$$

一般来说,不同地区地温梯度的变化处于 0.6 ~ 10 ℃/100 m,常见值为 1.5 ~ 4.0 ℃/100 m,而个别新火山活动区可高达 100 ℃/100 m。

二、地热的来源与传输

地球由表及里分为地壳、地幔及地核三部分,地壳与地幔以莫霍面分界,而莫霍面的深度在大陆区平均为 35 km,在大洋区的洋底以下约 5 km。处于大陆区的地壳自上而下可分为三层,即沉积层、花岗质层和玄武质层。大洋区地壳仅有沉积层与玄武岩层。地幔以超基性的橄榄岩为主,约 2 900 km 深度以下为地核,它由液态的外地核与固态的内地核构成。

目前普遍认为,地热资源来源于地球深处的放射性物质的衰变、熔融岩浆或构造活动产生的摩擦热,放射性元素主要为铀238、铀235、钍232 和钾40 等。近年来,由于石油、煤炭等能源的日益减少,以及其使用过程中带来的环境问题,人们开始逐渐重视蕴藏丰富、可再生的清洁能源——地热资源。

大地表层的热状况主要受固体岩石的传导热流与载流体(包括岩浆)的对流这两种方式所控制。尽管以对流方式传输地热在某些地区,如火山、温泉分布区具有很大意义,但就整体而言,传导是地球外层地热传输的最重要、最普遍的方式。

三、地热异常

地球的热现象是地球上最本质的现象之一,热流值高于区域平均值的地区可以看作地热异常区,一般可把地温梯度大于 2.5 ~ 3.0 ℃/100 m 的地区视为地热异常区。区域性的地热异常还与近期岩浆侵入有关,时代愈新、规模愈大的岩浆侵入,保留的余热愈多,形成的地热异常也愈强烈。著名的意大利拉德瑞罗高温蒸汽地热田,面积估计可达到 250 km²,其附近并没有近期火山活动,推测其热源可能与近期侵入岩有关。我国西藏地区的地热异常,可能也与近期的岩浆侵入相关。

地下水深循环引起的地热异常,往往是局部性的。在有利的地质构造条件下,大气降水逐步渗入地下深部加热,然后在对流及静水压力作用下上升,常可将相当大的热量带到

浅部,造成局部的地热异常。

通常地表热异常区与地幔对流最活跃的区域相对应,地幔对流是地球内部放射性物质产生的热量向地表传递的最有效的形式。随着板块构造理论的发展和成熟,利用板块构造理论对地热资源的形成和分布规律进行阐述,是当前较为流行的做法。根据板块构造理论,一个地区所处的板块构造部位决定了其地热的基本特征。

地貌及基底构造形态也会影响地温场的分布。正向构造(背斜、基底凸起)的地温与地温梯度往往比相邻的负向构造(向斜、基底凹陷)为高,这是深部比较均一的热流在地表再分配所引起的差异。

四、地热资源分类

地热资源是指在可以预见的未来时间内,能够为人类开发和利用的地球内部热能资源,包括地热流体及其有用组分。广义上的地热资源是指赋存于地球内部的岩石中的热能量和地热流体中的热能量及其伴生的热能,它不断向地球表面扩散;狭义上讲,地热资源是指在当前的技术经济和地质环境条件下,能够科学、有序、合理地开发出来的地热资源。

地热资源类型的划分有多种方法,根据地热系统的地质环境和热量的传递方式分成对流型地热系统和传导型地热系统两大类。依据地热资源的存在形式又分为水热型地热资源和干热岩型地热资源,前者是以蒸汽和液态水为主的地热资源,后者是以热岩(干热岩及岩浆)为主的地热资源。我国近期发现和广为开发利用的地热资源,主要是指水热型地热资源。一般根据已知地热田特征,按地热田的温度、热储形态、规模和构造复杂程度,将地热田勘查类型划分为两类六型,如表2-2所示。

表2-2 地热田勘查类型

类型		主要特征
高温地热田(Ⅰ)	Ⅰ-1	热储呈层状,岩性和厚度变化不大或呈规则变化,构造条件一般比较简单
	Ⅰ-2	热储呈带状,受断裂构造控制,地质构造条件比较复杂
	Ⅰ-3	地热田兼有层状热储和带状热储特征,彼此存在成生关系,地质构造条件复杂
中低温地热田(Ⅱ)	Ⅱ-1	热储呈层状,分布面积广,岩性、厚度稳定或呈规则变化,构造条件一般比较简单
	Ⅱ-2	热储呈带状,受断裂构造控制,地热田规模较小,地面多有温泉、热泉出露
	Ⅱ-3	地热田兼有层状热储和带状热储特征,彼此存在成生关系,地质构造条件比较复杂

地热资源按温度分为高温、中温、低温三类,如表2-3所示。高温地热热源与板块的扩张和消亡有明显关系,一般存在于地质活动性较强的板块边界,如著名的冰岛地热田、新西兰地热田、日本地热田等高温地热田,以及我国云南腾冲高温地热田、西藏羊八井高

温地热田等。中低温地热田热源主要来自深部热流,深部热流体通过热传导、热对流或者岩浆的直接上移为地热田带来热源,该类地热田广泛分布在板块的内部,如我国京津地区、胶东半岛地区的地热田多属于中低温地热田。

表 2-3　地热资源温度分级

温度分级界限(℃)		主要用途
高温地热资源 $t \geqslant 150$		发电、烘干
中温地热资源 $90 \leqslant t < 150$		工业利用、烘干、发电
低温地热资源	热水 $60 \leqslant t < 90$	采暖、工艺流程
	温热水 $40 \leqslant t < 60$	医疗、洗浴、温室
	温水 $25 \leqslant t < 40$	农业灌溉、养殖、土壤加温

我国的地热资源开发利用也有久远的历史,是世界上温泉最多的国家之一,也是温泉利用最早的国家之一,5 000 多年的温泉文化史从未间断过,温泉文化灿烂辉煌,华清池是国内有文字记载开发利用最早的温泉,素有"天下第一温泉"之美誉。

一般把地下热水的富集归结为贮、盖、通、源四个方面。所谓贮,即热贮层,是指能够贮存地下热水的含水层,含水层富水性越好,则地热资源越丰富,岩性一般多为砂层、石灰岩、砂岩等。所谓盖,即盖层,是指热贮层上覆的相对不透水层,能起到一个良好的保温作用,岩性多为黏土、泥岩、页岩等。所谓通,即地下水和热源的运行通道,包括浅层性质不同的基岩裂隙、地热田内部深大断裂,正是它们把地表水送到深部加热又使其循环到浅部的不同部位,断裂的切割深度决定了地下热水的温度,切割越深,温度越高。所谓源,是指地下热源,一般分为两类:一是主要来源于向地下深处按一定地温梯度逐步增加的累积温度,我国许多地区都有此类地热资源,并且深度越大温度越高;二是构造型地热,依靠深部大断裂与大地深部热流沟通,为地热田提供源源不断的热源。

此外,具备以上四个方面的条件是地下热水富集的必要条件,但要想找到相对丰富、可持续开采的地下热水水源地,还要充分考虑区域地下热水的补给、径流、蓄积、排泄等环节,确定最佳井位及开采量。地热水中的各种化学成分则是地下热水在深循环过程中不断吸取地层中围岩的各种成分所致,依据围岩的性质,可大致判断地下热水的化学组分及用途。

第六节　确定井位、井深及开采方式

一、井位的确定

在了解地质、水文地质的基础上,应根据实际工作需求布置物探工作。在基岩出露地区,如果能够较充分了解岩性、构造和补给条件,可不布置物探工作,直接采用水文地质方法确定井位。在此种情况下,确定井位一般遵循以下原则:

(1)对于倾斜脉状蓄水构造,一般是指断层、岩脉、接触带、透水夹层等脉状地质体,多因阻水作用而形成脉状阻水型等构造。在这一类蓄水构造上确定井位时,应考虑如下几个问题:①要认真查明强含水的透水裂隙主要分布在构造界面的哪一侧、哪一面上。对脉状阻水蓄水构造,在其地下水流的上游一侧蓄水富水;脉状透水蓄水构造、透水汇水的脉体本身裂隙宽度大、空隙度高,是地下水最能富集之处;对断层或岩脉而言,常在低序次、低级别构造(断裂、褶曲、裂隙)发育的地方;在若干断层交会、斜接、反接和截接关系的交接部位,在干构造的突然转折、尖灭、收敛的部位,裂隙或岩溶发育带等部位,都是地下水富集蓄存的空间场所,这是确定井位时首先要考虑的地方。②脉状蓄水构造及其强含水裂隙发育带的产状,一般都是倾斜的,对其走向、倾向、倾角的测量与判断非常重要,常常直接关系着打井的成败,要根据富水脉体的形态和产状具体确定井位。

(2)对于开采厚度不大的含水层(带)或脉体,要求把井位定在含水层(带)的脉体倾斜方向,即上盘上,且距下隔水边界(底板)一定距离的地方。厚度越小、倾斜角越缓,则要求井位与含水层(带)底板间的距离越大,但距离过大并不好,这是由于含水层(带)埋藏过深,裂隙发育程度减弱,深部岩石的富水性也随之减弱。所定井位应在岩石、可溶岩、裂隙发育带、岩溶发育带等富水地层穿过蓄水构造。

对于厚度较大或产状陡斜的含水层(带),除少数直立的可在其中间布井外,一般均应靠近顶板(倾向方向)一侧布井。此外,对某些高度的逆冲压性断裂,布井时应尽量争取使井孔穿过倾斜较缓的相对张应力作用区,这样富水性较好。

(3)在扭性、张扭性或压扭性断层拐弯的地方定井时,要考虑断层相互扭动的方向,寻找张性区定井,张应力作用区范围内,是相对富水区,成井条件较好。

(4)在弱透水地层中的岩脉、断裂和透水夹层等形成脉状透水汇水蓄水构造上定井时,应尽量找比较大、比较宽、由宽变窄且有其他构造横切或斜切的地方,以及自行尖灭和地形低洼处定井。如果透水脉体不太宽,可切穿脉体。

(5)在地堑、地垒蓄水构造中定井,主要考虑两条断层的距离,其次是断块的岩性。若组成蓄水构造的两条断层相距较远,可与单一地层分析方法相同,一般都在断层附近选井;而地堑、地垒构造的中部一般不富水,不宜定井。若构成地堑的两条断层相距很近,使两条断层的影响带重合或部分重合,这些地方可以布井。

(6)工作区分布有若干条规模不同的断裂或岩脉,在地层岩性、地形地貌、补给条件相似的情况下,如果在透水地层中,构造规模大,富水条件比较好,可把井位选在大构造的富水部位;如果发生在弱透水地层中的构造,要特别注意构造之间的组合与补给条件的关系,分析是切割缩小补给面积,还是扩大补给面积,在这种情况下,井位宜选在补给条件好的构造迎水面一侧。但也有时因地层岩性、地形地貌、补给条件及各个构造力学性质和展布方向不同,而出现小构造比大的构造成井条件好的情况。

在一般情况下,需要根据某一蓄水构造的已知条件(如井孔穿过较多、较厚、较好的含水层的合理预计深度作为已知条件),再经计算,才能确定选定的井位距某一蓄水构造的平面位置。

二、地下水位的确定方法

实践证明,许多定井工作的失败,是由未能正确了解、推断工作区的地下水位埋藏深度所致,应在找水定井工作中引起充分重视。因而,正确判断地下水位是做好找水定井工作的前提。

（一）上层滞水水位确定

上层滞水水位,一般稍高于隔水层顶板。其高出数值大小,主要取决于含水层排泄基准面的高程、隔水层产状、含水层厚度和分布面积大小等条件。

（1）当隔水层产状水平,含水层较厚且分布面积较大时,则上层滞水水位中间高而向四周渐低。中间部分水力坡度较缓,水位高出隔水层顶板数值大些;而靠近四周水力坡度变陡,水位高出隔水层顶板的数值小些。

（2）当隔水层倾斜,但倾角不大时,则上层滞水上游水位比较平缓,下游水位较陡。上层滞水从高处向低处流动排泄,遇到干旱季节时上游渐渐被疏干,上游水位边界逐渐向下游退缩。

（3）若隔水层为盆形或向斜构造,则盆底或向斜轴部的上层滞水水位高出隔水层顶板数值大些,而盆四周或向斜部水位高出数值小些。

这三种隔水层产状不同,则上层滞水不同部位的地下水埋深也不相同。因此,布井时要以隔水层顶板计算比较可靠。一般情况下,井深要打穿含水层,再打入隔水层中一定深度终孔（可考虑 1~5 m 范围）,但不能打穿隔水层,否则会使井水漏失。

（二）区域水位确定方法

1. 区域水位的概念

在一个较厚的含水层且分布面积较大,或一个独立的水文地质单元中,地下水有一个大体连续的统一水面,这个水面不受微地形地貌影响,主要受地质构造控制,称为区域水位。

区域水位有两个含义:其一是独立性,即指一个区域或水文地质单元内的地下水位与邻区水文地质单元的水位不一致、不连续、不统一,一般都有隔水边界限制;其二是统一性,即指一个区域或水文地质单元内的水位是连续的、统一的,无隔水边界限制。

区域水位还要有含水层概念。一个区域内,可以埋藏一个含水层,也可埋藏几个含水层,其中间有隔水层分开。不同含水层的补给范围、补给区高度与排泄区高度都不一样,所以它们的水位一般也不一致。这可以从深井钻进、穿过不同深度、不同含水层时,水位有明显的升降得到证实。因此,区域水位必须说明是哪一个含水层的区域水位,一般在强透水岩层中表现得比较明显。

2. 区域水位的确定方法

1）根据已有机井水位推算

位于强透水岩层中的已有机井水位,一般能代表区域水位。

2）利用泉水或河流推算

泉是地下水的天然露头,可以利用泉推算同一水文地质区、同一含水层的地下水位,一般从强透水岩层流出的常年有水的泉推算时比较可靠。

若区域内河流与含水层有水力联系,则可利用其推算区域水位,以流经透水岩层常年不干的河流代表区域水位比较可靠。

3）石灰岩单斜构造区

在强透水岩层之上覆有页岩、泥灰岩时，可利用强透水岩层与页岩、泥灰岩的接触面的最低标高，减去风化破碎带厚度就是该区的区域水位。推算水位时，首先要查明含水层与隔水层的界面的最低点标高，这个最低标高与打井地点标高之差，就是该井的地下水埋深。如果在石灰岩含水层与隔水层接触带上有泉出露，应以泉水面为推算标准。

4）利用阻水断层、岩脉、侵入体等推算小区内水位

利用阻水断层、岩脉、侵入体等阻水体的最低点标高，减去风化破碎带的厚度，可代表阻水体上游小区的地下水位。

5）根据季节性井泉动态资料推算区域水位

根据季节性泉水出露标高（H_0）和区域地下水位年变幅值（ΔH），推算预定井位的年最枯水位值高程（H），按经验公式计算：

$$H = H_0 - \Delta H \tag{2-2}$$

在北方岩溶分布区，若无地下水动态观测资料，ΔH 可采用下列经验数值：区域地下径流的补给区 $\Delta H = 20 \sim 60$ m；径流区（或补给径流区）$\Delta H = 10 \sim 20$ m；排泄区附近或山前地区 $\Delta H = 2 \sim 10$ m。若季节性泉水断流时间较短，ΔH 采用较小值；若断流时间较长，ΔH 采用较大值。

6）根据已知点地下水位推算预定井的水位

在找水地区内，对所有的地下水点进行全面调查之后，可以大致推算预测井的水位，可分为下列几种情况：

（1）当找水区内有许多地下水露头，在那些出露位置较低，多年来未干涸的水点，如较大的泉水，多年使用的民井、较深机井水位等，一般可以代表区域性地下水位的海拔。

（2）当找水区位于山区与大河之间，区内天然露头水点较少，但可把少量的泉或深井水位同大河枯水季节的水面高程联系起来，作为区域地下水面的大致高程，再根据找水地点的地形高程，推算出当地地下水位。

（3）当找水区位于大河拐弯处，或两条河流之间的河间地块，区内没有天然地下水点出露，这时可以把两条大河枯水期水位面中间略微向上凸起的曲线联系起来，作为区域地下水面大致高程，再根据找水地点地形高程，推算出当地地下水位。

（4）当找水区内已有两个以上水位高程时，可用内插法直接推算出找水点的地下水位。

（5）当找水区的外围有一个地下水点时，可用下式计算：

$$H = H_0 + LJ\cos\alpha \tag{2-3}$$

式中：H 为预定井水位，m；H_0 为已知点（泉）水位，m；J 为预定井附近的区域地下水力坡度，当预定井位于已知水点上游时 J 值为正，位于下游时 J 值为负；L 为预定井位与已知水点的水平距离；α 为计算剖面和区域地下水流向之间的夹角。

在无水力坡度值时，北方岩溶水分布区的 J 值可采用下列经验数值。地下径流良好的山前排泄区附近，$J = 0.5‰ \sim 1.0‰$；径流条件中等的丘陵山区，$J = 1‰ \sim 5‰$；径流条件较差的补给区以及某些下降泉附近，$J = 5‰ \sim 10‰$。

在推算区域地下水位时应注意以下几点：

（1）不同水文地质单元内，地下水位相差很大，不能互相推算。

（2）在同一水文地质单元内的不同含水层，可能有不同的地下水位，不能互推水位。

（3）阻水断层、岩脉等脉状阻水体的上下游水位相差很大，不能互推水位，更不能把上层滞水水位误认为区域水位。

三、井深的确定方法

水井深度的确定，在不同的地层、不同类型的蓄水构造和不同的地下水类型有不同的方法。主要考虑以下几个条件：①地下水位；②含水层厚度和底板埋深；③蓄水构造富水深度（例如断层在强透水石灰岩中穿过的深度等）；④现有打井设备最大钻进深度。

（1）在上层滞水蓄水构造中打井，井深应打穿含水层，再打入隔水岩层一定深度，一般可考虑 $1 \sim 5$ m，但一定不能打穿隔水岩层，否则就会造成井水漏失。总井深为含水层厚度，加水位埋深，再加打入隔水层的深度，即

$$H = H_1 + H_2 + H_3 \tag{2-4}$$

式中：H 为井的总深度；H_1 为上层滞水水位埋深；H_2 为上层滞水含水层厚度；H_3 为打入隔水岩层的深度。

（2）在潜水含水层或各种蓄水构造中打井，井深的确定，可用井口地面高程减去附近区域水位高程，即为地下水埋深，也就是井的见水深度。见水后的深度，火成岩、变质岩地区要看裂隙发育的深度和程度。一般要求把裂隙发育带打穿，并打入弱风化岩石或新鲜基岩中一定深度终孔。从山东省目前情况看，人工大口井成井深度多在 $10 \sim 30$ m，少部分井深小于 10 m 或大于 30 m；管井以往一般为 $60 \sim 150$ m，随着钻井工艺的进步，目前已有很多数百米的深井出现。

在石英岩分布区确定井深，可根据地下水位，预想利用含水层（带）的埋藏深度，以及井孔在水位以下穿过断层、岩脉的富水部位等具体条件来确定，如在单斜蓄水构造中，人工大口井见水后，一般再打 $5 \sim 20$ m，机井见水后再打 $80 \sim 120$ m。如果含水层不足 80 m，可打穿含水层，并打入隔水层中 $5 \sim 20$ m 终孔（做沉淀管用）；若根据断层、岩脉、接触带等透水蓄水构造定井，一般要求井孔在区域水位以下 $80 \sim 120$ m 穿过富水构造部位，在此基础上再加深 $5 \sim 20$ m 即可终孔。若属阻水断层或岩脉，则打到阻水体或打入阻水体一定深度即可终孔，不可将阻水体打穿。

在火成岩、变质岩地区，因深部风化裂隙不发育，一般情况下井深不宜过大，视情况在 $80 \sim 150$ m 深度区间选取；如果构造条件较好，可在 $150 \sim 300$ m 深度区间选取。

（3）承压水地区井深的确定，首先应确定区域地下水位，然后根据含水层埋藏深度或断层、岩脉穿过含水层的深度来确定。若含水层很薄，可打穿一个或多个含水层至隔水层一定深度（$5 \sim 20$ m）；若含水层很厚，可以不打穿含水层；若利用透水断层或岩脉的富水构造，可以将它打穿，争取两侧进水；若是阻水断层或岩脉，则不能打穿。

在沉积岩地区，尤其是灰岩地层，井深应尽量大些，井孔应尽可能多地穿透若干个区域地下水位以下的含水层，这是提高成井率的重要因素之一。在此类地层上打井，因定井过浅而导致失败的例子较多。

对于倾斜脉状蓄水构造（断层、岩脉、接触带、透水夹层等脉状地质体），确定井深时

应根据倾斜蓄水构造的倾角,充分考虑到井孔应在区域地下水位以下适当深度且岩溶裂隙发育带等富水地层穿过该倾斜脉状蓄水构造。

四、地下水的开采方式

(一)管井

井较深、井径较小,由井口、井壁管、含水层段以及必要的过滤器等组成的出水井称为管井,属于机井的一个种类。它适用于地下水埋藏较深、含水层较多的各类松散地层与坚硬基岩地区,特别是在河流冲积平原、石灰岩以及大理岩分布地区更为适宜。

(二)大口井

井径大于 2 m 的水井统称为大口井,属于机井的一个种类。在地下水埋藏比较浅的火成岩、变质岩、砂页岩分布地区,常在风化带及蓄水构造上,采用人工开挖直径在 20 ~ 30 m、深 10 ~ 25 m 的大口井比较多。大口井有圆形、方形、长方形、椭圆形等各种各样的形状,一般要求长轴方向垂直于断层、岩脉等构造线或地下水流向,目的是在井中多揭露出水范围,以增大出水量;而平行蓄水构造走向或地下水流向要短些,目的是在不影响出水量的前提下,可减少工程量和投资。

这种大口井是在地下水埋藏不深和地下水源不足的条件下,实行采蓄结合或日采夜蓄、充分利用地下水的一种很好的方法。

(三)筒井

筒井也叫竖井或大口深井,是人工开挖深度比较大的深井,井深一般在 20 ~ 40 m,最深者可达百米,井径一般在 10 ~ 15 m,有方形、圆形、长方形、椭圆形等。筒井主要适合于埋藏不太深的弱透水岩层以及较为复杂含水带的一种开采方式。

(四)辐射井

辐射井是由一口大直径的集水井与自集水井内向含水层不同方向打进一定长度的多层、数根至数十根水平辐射管组成,属于机井的一个种类。集水井又称为竖井,口径一般应大于 3 m,是水平辐射管施工、集水和安装水泵的场所。

辐射井适宜于地下水埋藏浅、含水层透水性强、补给来源丰富的砂层、卵砾石地层,以及透水性弱、厚度不大的黏土裂隙含水层地区。

(五)平塘

在地下水埋藏较浅的弱透水岩层分布区,常在有利于地下水和地表水汇集的低洼地带,人工开挖长 50 ~ 100 m、宽 40 ~ 60 m、深 4 ~ 8 m 的蓄水积水的坑塘,称为平塘。

平塘揭露面积比较大,出水较多,既可蓄水又可汇集地表水,再加上施工简单方便,可在花岗岩、片麻岩、片岩地区采用,在正常降水年份效果良好。

(六)斜井

斜井是人工开凿的一种倾斜取水工程。与地面交角常成 30° ~ 40° 开挖,高 2 m,宽 1.5 ~ 1.8 m,上拱下方的倾斜隧洞,斜长 50 ~ 200 m,垂直深度一般小于 100 m。

斜井不受地下水位、水量大小的严格限制,它适用于埋深较大、水源比较丰富的地区。如山前石灰岩分布区的岩溶水带、产状较陡的脉状含水层带都可采用斜井。

(七) 地下廊道取水

在竖井底部开凿水平廊道的取水工程,称为地下廊道。这种办法多用在含水较少的弱透水地层分布区,以能穿过较多的含水层(带),扩大揭露面积,相应地增加出水量。地下廊道工程可大可小,可根据技术条件与经济条件量力而行。

(八) 其他开采方式

除上述一些开采方式外,还有群井汇流、扩泉井、联合井、坎儿井、截潜流、引泉、蓄水池等开发利用地下水的形式,每一种形式都有其适用范围和较优性价比,因此必须根据实际条件,因地制宜,合理选择使用。

第三章　水井钻机分类及钻前准备

第一节　水井钻机的分类及组成

一、水井钻机的分类

水井一般分供水管井、大口井和辐射井三大类。一般井较深、井径较小，由井口、井壁管、含水层段以及必要的过滤器等组成的水井称为管井；井径大于 2 m 的水井统称为大口井；由一口大直径的集水井与自集水井内向含水层不同方向打进一定长度的多层、数根至数十根水平辐射管组成的取水系统称为辐射井。一般可用于供水管井钻进的机械即为水井钻机。供水管井是长期使用的地下水取水构筑物，是为供水建造的水井，它不同于一般的勘探孔，要求口径较大，具有特定的井身结构、井管和过滤管等。除深井和地热井需要大型钻机外，一般水井钻探均使用中小型钻机。此外，水井施工工期短，流动性大，搬迁频繁，要求使用的钻井设备不能过于笨重。

水井施工的目的是提供供水井，其价值一般不及油井或固体矿床钻孔，一般设备投资少，工程成本低。勘察钻孔一般是以勘察为目的钻凿的地下临时构筑物，是为获得地质资料和用于试验的钻孔，二者目的不一样，不应混同。

目前，我国各类钻机生产厂家达 1 000 家，水井钻机厂家有 400 多家，生产钻机类型有 100 多个品种，施工领域涉及农用灌溉井、工业用水井、民用饮用井、地热井、降水井、集水井、地源热泵井等国民经济的各个领域。

水井钻机一般可按组装形式、钻井深度、驱动设备类型和钻进工艺等多种方法分类。

（一）按组装形式划分

水井钻机按组装形式可分为散装式、拖车式和车装式，以及履带行走式等类型。

（二）按钻井深度划分

水井钻机按钻井深度可分为以下几类：

（1）浅井钻机。钻井深度不大于 300 m。

（2）中深井钻机。钻井深度在 300 ~ 800 m 区间。

（3）深井钻机：钻井深度在 800 ~ 2 000 m 区间。

（4）超深井钻机。钻井深度超过 2 000 m。

（三）按驱动设备类型划分

水井钻机按驱动设备类型可分为以下几类：

（1）机械驱动钻机。主要由柴油机提供动力给转盘驱动钻杆，配有水龙头、方钻杆、提引器等，靠自重和绞车实现加减压。

（2）电驱动钻机。主要由交流电机提供动力给转盘驱动钻杆，配有水龙头、方钻杆、提引器等,靠自重和绞车实现加减压。

(3)液压钻机。通过液压提供动力给动力头驱动转杆,动力头既是水龙头又是提引器,在升降钻具时起到绞车功能,在钻进时起到加压与减压功能。

(四)按钻进方法划分

水井钻机按钻进方法可分为以下几类:水井施工钻进方法很多,常用的钻进方法有回转钻进、冲击钻进和冲击回转钻进。在水井钻进中主要的钻进方法、类型见表3-1。

表3-1　水井钻机按钻进方法分类

钻进方法	主要钻机类型		适用范围
回转钻进	正循环钻进	泥浆泵正循环	各类地层,各类管井
	反循环钻进	泵吸反循环	第四系松散地层,井深100 m以内大口径浅井
		气举反循环	第四系松散地层、硬度不大的基岩地层,大口径管井
		射流反循环	第四系松散地层,井深一般在50 m以内的浅井
冲击钻进	钢丝绳冲击钻进		卵砾石地层、基岩风化层,缺水地区大口径浅井,钻井深度一般在200 m以内
	钻杆冲击钻进		
冲击回转钻进	气动潜孔锤钻进	气动潜孔锤正循环钻进	第四系胶结地层、卵砾石地层、各类基岩地层,尤其适应缺水或供水困难地区
		气动潜孔锤反循环钻进	第四系胶结地层、卵砾石地层、各类基岩地层以及不稳定地层,适应缺水或供水困难地区
	液动钻进		基岩地层,不受水位埋深限制,钻进深度大

二、水井钻机的组成

现代水井钻机是一套联合的工作机组,由动力机、传动箱、绞车、天车、游动滑车、水龙头、转盘、钻井泵、钻杆柱以及钻井液净化设备等组成,还有井架、底座等结构以及电力、液压和空气动力等辅助设备。

根据钻井工艺中钻进、洗井、起下钻具等各工序的不同要求,一套钻机必须具备下列系统和设备。

(一)钻具起升系统

钻具起升系统主要包括主绞车、辅助绞车、辅助刹车、游动系统(包括钢丝绳、天车、游动滑车和大钩等)以及悬挂游动系统的井架等。此外,还有起下钻具操作使用的工具及设备(吊环、吊卡、吊钳、卡瓦、大钳和立杆移动机构等)。

(二)旋转钻进系统

为了转动井中钻具以不断破碎岩石,钻机装备有转盘和水龙头,井下配有钻杆柱和钻具钻头。另外,定向井还需配备井下动力钻具,这就构成了旋转钻进系统。

（三）钻井介质循环系统

钻井介质循环系统包括钻井泵或空压机、地面高压管汇、钻井介质净化及控制设备等。

（四）动力系统

动力系统是用来驱动绞车、钻井泵或空压机以及转盘等工作机组的动力设备，按驱动类别的不同，一般为柴油机、交流电动机等。

（五）传动系统

传动系统的主要任务是把动力传递和分配给绞车、钻井泵或空压机以及转盘等工作机组，在传递和分配动力的同时具有减速、并车、倒车等各种功能。

（六）控制系统

为了使钻机各个系统协调地工作，钻机上配有气控制、液压控制、机械控制和电控制等各种控制设备，以及集中控制台和各类参数的显示仪表等。

（七）钻机底座

底座是钻机的组成之一，包括钻台底座、机房底座和钻井泵底座等，车装钻机的底座就是汽车或拖拉机的底盘。钻机底座主要用来安装钻井设备，保证钻机能安全、可靠、正常地运行。

第二节　水井钻机的发展趋势

一、水井钻进技术水平现状

钻探工程是利用各种机械的、物理的方法，在地层中钻孔或钻井、取芯取样，达到开采地下资源、获取地下信息的目的。按技术特征，钻探工程可划分为十大技术体系：①科学钻探技术体系；②石油天然气钻探技术体系；③固体矿产地质岩芯钻探技术体系；④水文水井钻探技术体系；⑤工程地质勘察钻探技术体系；⑥基础工程施工钻进技术体系；⑦非开挖管道铺设钻进技术体系；⑧建筑物管道孔钻进技术体系；⑨矿山爆破及凿岩钻进技术体系；⑩大型竖井钻凿技术体系。

世界各国在水井工程设计和施工方面有着不同的工艺和特色。美国、德国、日本、苏联等国家在钻进方法、井管材料选择、水井杀菌消毒、管理规范化等方面都有着严格的要求和规范。尽管我国水井工程技术的研究与施工有着悠久的历史，但由于传统观念、经济社会发展水平、相关法规的力度薄弱等因素影响，在水井工程技术及施工工艺方面长期沿用传统的单一模式，钻井技术水平相对较为落后。

20世纪60年代，我国水井施工多为钢丝绳冲击钻机和转盘式钻机；70年代至80年代，逐步出现了半液压式、全液压动力头式车装水井钻机以及拖挂式水井钻机；90年代至今，实现了由进口、仿制到自主研制的转变，由冲击钻机为主到回转钻机为主的转变，由散装的中浅井钻机为主到车装钻机和散装钻机中深井为主的转变，车装式水井钻机、深水井钻机以及气动潜孔锤多工艺技术得到大量应用，但全液压型水井钻机的制造工艺仍有较长的路要走，还处于逐步完善阶段。

目前,我国大量使用的水井转盘式钻机有 SPJ－300 型、红星 400 型、SPC－300ST 型等。20 世纪 60 年代中期制造的 SPJ－300 型散装转盘钻机,是我国最早的水文水井钻机,该机型结构简单、操作方便、解体性好,非常适应我国地形复杂、不便整体搬运的特点,具有较好的经济性,从而得到普遍应用。从目前的现状和发展趋势看,在今后相当长的一段时期,泥浆正循环回转钻井仍将是水文钻井最为主要的钻井方法。回转钻井分为转盘回转钻进、顶部动力头和井下动力钻进,以及二者兼备的复合回转钻进等不同的方式。采用转盘回转钻进,则整个钻柱处于旋转运动状态,同时带动钻头回转钻进,由于机械结构简单、使用维修方便,它是目前应用最为普遍的一种钻进方式;采用动力头式钻进,则通过液压由顶部提供动力驱动转杆转动,带动钻头破碎岩石,由于机械化程度和工作效率高,目前正逐步获得大量应用。采用井下动力钻进方式,则井下动力钻具的转子带动钻头回转钻进,转盘及整个钻柱可以不回转,在水井施工中较少应用;采用复合回转钻进方式,则在使用井下动力钻具的同时,又开动转盘回转钻进,具有较高的钻进效率,但在水井施工中较少使用。实践表明,每一种回转钻井方式都具有各自不同的钻进特性和优缺点。其中,复合回转钻进方式在一定程度上兼备转盘钻和井下动力钻的优点,既可连续控制井眼轨迹和减少起下钻次数,同时还能提高机械钻速,是一种比较高效的可控钻进方式。

随着地下热水的开发应用,水井工程的深度由以前的几百米发展到现在的 1 000 多米,甚至几千米,特别是中深井的工程投资达几十万元或上百万元。再加之目前地下水的污染、缺水、水位下降和开采限制等情况,对水井工程设计和施工的具体要求及其难度将愈来愈高。所以,水井工程技术必须在现有基础上针对存在的问题,围绕着"质量、使用寿命、地质环境、维修方便、经济高效"等原则进行必要的发展和改革。

在水井的钻进方法上,世界上的发达国家,如美国、德国、日本等,目前主要以气举反循环、冲击回转气动潜孔锤等方式来实现破岩和成井。目前,我国虽有多地推广和应用了多工艺空气钻进技术,取得了显著成效,但多局限于小井径的浅井应用。据目前装备状况来看,由于设备配套、经济状况、技术水平等方面的原因,在大多数的钻进方法上,还是以正循环泥浆钻进为主,破岩方法一般为筒状合金钻头或筒状钻具钢粒研磨,成井速度慢,施工效率低,水井钻进技术亟待提高。

在井壁管和滤水管的采用上,美国、德国等国家的水井工程多采用工程塑料管,国内常用的井管有铸铁管、钢管、水泥管等,有些地区也开始试用工程塑料井管。铸铁管主要用于 300 m 以内的水井工程,钢管则主要用于深水井或地热井。

二、水井钻进技术的发展趋势

水井钻进的总体发展趋势主要表现在以下几个方面:一是钻进深度由浅渐深,从十几米到 100 m,再到数百米,以至于超过了 1 000 m;二是钻进工艺由单一工艺向多工艺发展;三是装载形式由散装到机动行走发展;四是传动方式由机械向全液压发展;五是控制形式由手柄向电液遥控方向发展;六是配套工艺器具更加灵活、方便、机械化。

为了适应不同地层钻进的需要,充分提高钻进效率,水井钻机正向多用途钻机以及全液压传动与操纵的方向发展,即一台钻机备有多种设备和附件,可采用冲击式、回转式和潜孔锤等多种钻井方式,还可采用泥浆钻进,压缩空气钻进,正、反循环钻进等方法。

　　大量工程实践表明,今后最有发展潜力的水文钻井工艺,将是气动潜孔锤与气举反循环技术组合钻进工艺,这种多工艺空气钻进技术的应用已被视为当代衡量钻探技术水平的重要标志之一。目前,我国已能较全面地掌握和应用多工艺空气钻进技术,迅速缩短了与世界先进水平的差距,多工艺空气钻进技术在水文钻井领域正逐步获得大量应用。

　　气动潜孔锤与气举反循环这两种钻进技术,都属于多工艺空气钻进技术体系,其实质主要是利用压缩空气代替常规钻进时的水介质或泥浆作为循环液,以起到冷却钻头、排除岩屑和保护井壁的作用。对于基岩裸露或覆盖层很薄的地层,在下入地表套管后,可先采用气动潜孔锤钻进工艺揭露含水层,当水井达到一定深度时,背压升高,时效会明显下降甚至无法钻进,此时就应换为气举反循环钻进技术,使两者科学合理地进行组合,充分发挥各自高效钻进的优势。

　　气动潜孔锤钻进技术是把压缩空气既作为破岩动力又作为冲洗介质的一种井底冲击回转钻进方法。目前,除广泛应用于矿山爆破孔、地热井、油田井、煤层气开采、地源热泵井等领域外,已迅速扩展到基岩水文钻井领域。它具有钻进效率高,钻头寿命长,所需钻压低、扭矩小、转速低,钻孔垂直度高等优点。这种钻进技术的诞生及发展,是钻探技术的一次重大革命,是提高钻进效率的重要有效手段。

　　气举反循环钻进技术是将压缩空气沿双壁钻杆输气管道送入井下一定深度,经混合器进入管内循环,使混合后的液体密度小于钻井液的密度,这样井筒与管内就产生压差,并在井筒液柱压力的作用下,管内混合的气液以较高的速度向上流动,从而将井底的岩屑或岩芯连续不断地带到地表,经振动筛排入沉淀池。经沉淀后的泥浆再流回孔内,补充循环液,如此不断循环形成连续钻进的过程。它的最大特点是管路平直、不易堵塞,挟带上来的气、液、固三相流体不流经任何工作机械,设备磨损小,排岩屑能力强,钻进效率高,钻头寿命长,尤其是在基岩复杂地层中钻进更为安全可靠,能实现连续取样(芯)钻进,具有辅助时间短、劳动强度低等优点,现已成为国内外钻进水井、油田井、煤层气井以及大口径工程施工孔最具有发展潜力、最为有效的技术方法。

　　这两种钻进技术已成为当今应用最为广泛和最有发展前景的工艺方法,两者的组合应用,必将在水井和地热井施工中提高钻进效率、缩短施工周期等方面发挥积极的作用。

　　此外,随着液压传动技术、计算机技术、自动控制技术和测试技术在钻井上的广泛应用,人类正逐步进入了智能化钻探时代。目前,定向钻井、水平钻井、大位移钻井以及分支钻井等技术在矿产、工程等领域的应用已较为成熟,在水文钻井领域的应用还有待开拓创新。随着这些高新技术在水文领域的应用,对于提高成井率,解决缺水基岩地区的水源问题,将具有重大的社会经济意义。

第三节　水井施工钻前准备工作

一、井口准备工作

　　井口准备包括井场布置、井口管理设、鼠洞施工、泥浆循环系统和基础处理等工作,其工作质量的高低,直接影响到水井施工的质量和速度。

(一)井场布置

井场布置就是在已确定的井位上,以确保"安全、方便、有序"的原则,根据施工场地的大小和各种机械设备的使用要求以及在施工中的作用、活动影响空间等来合理、安全地安排布置。

井位距地下埋设的管线及其地下设施边线的水平距离不应小于 5 m,钻塔在安装和起落中,其外侧边缘与架空输电线路之间的最小安全距离应符合表 3-2 的相关技术规定。

表 3-2 塔架安装最小安全距离

线路电压(kV)	<1	1 ~ 10	35 ~ 110	154 ~ 330	550
最小安全距离(m)	4	5	10	15	20

(二)井口管埋设

在松散地层中采用泥浆护壁钻进时,应在井口安设井口管,井口管外径应比开口钻头直径大 100 mm。井口管下入深度宜在潜水位以下 1 m 处,潜水位较深时,下入深度可根据地层及水位具体情况确定,但不应小于 3 m。井口管应固定于地面,管身应保持垂直,其中心应与钻具垂吊中心一致。井口管外壁与井壁之间的间隙应用黏土或混凝土填实。

(三)泥浆循环系统

泥浆循环系统包括沉淀池、循环槽与泥浆池。沉淀池的规格一般为 1 m×1 m×1 m,设 1 个或 2 个;循环槽的规格一般 0.3 m×0.4 m,长度约 15 m,每隔 1.5 ~ 2.0 m 应安装挡板;泥浆池的规格一般 6 m×3 m×2 m。

(四)基础处理

钻机设备的地基必须按设备安全使用要求进行修筑或加固,钻机或钻塔基础应平整、坚实、牢固,具有足够的地基承载力。

二、设备的运输与装卸

(一)设备的运输

(1)装运钻杆、风管、水管等物件出现超长、超宽时,或装运易燃、易爆等危险物品前,应严格按国家相关法规办理有关手续。

(2)移动式钻探设备长途拖运前,应仔细检查牵引连接、轮毂螺栓、轮胎气压和制动装置等。

(3)大型钻机设备宜使用起重机装卸。无起重机械时,可采用三脚架配合手动滑轮起吊装卸,也可设置装卸台或倒车坑等装卸。

(4)两人以上抬运器材时,上肩的方向要一致,抬运的重物不宜过高,一般物件距地面距离 200 ~ 300 mm 为宜。

(5)严禁从装运车上随意向下抛扔和滚放物品。

(二)设备的安装

(1)钻机设备机架与基台连接应平稳、牢固,保证施工过程中钻机的稳定性。整体起落钻塔时,操作应平稳、准确,辅助卷扬机或绞车应低速运行。

（2）钻塔绷绳应对称安置,受力均匀,绷绳地锚应埋设牢固,并用紧绳器拉紧,绷绳与地面所成夹角应小于45°。

（3）钻机天车中心、转盘中心与管井中心应在同一垂直线上;钻机设备应安装平稳,各相应的传动轮应平行对正,机座与基台应用螺栓牢固连接。

（4）移动式钻机设备在安装定位和工作状态时,轮胎应离开地面且不得转动;钻机设备安装完毕后应进行全面检查,经过试运转后方可使用。

（5）现场使用的电气设备应按规定设置接地或接零保护,钻机设备的传动系统和运转部位应安装防护罩或防护栏杆。

第四章　回转钻井技术

第一节　回转钻进工艺原理

回转钻进又分为正循环钻进和反循环钻进两种方法。利用钻头旋转时产生的切削研磨作用来破碎岩石,是当前最常用的钻井方法。按动力传递方式,旋转钻机又可分为转盘钻、动力头和井下动力钻多种。转盘钻机在钻台的井口处装置转盘,转盘中心部分有方孔,钻柱上端的方钻杆穿过该方孔,方钻杆下接钻柱和钻头,动力驱动转盘时带动钻柱和钻头一起旋转,从而达到破碎岩石的目的。动力头式钻机则通过液压由顶部提供动力驱动转杆,带动钻头来破碎岩石。井下动力钻机则利用井下动力钻具带动钻头来破碎岩石,在钻进时钻柱不转动,所以设备磨损小、使用寿命长,特别适用于定向钻进,又分为涡轮钻、螺杆钻和电动钻等形式。

一、正循环钻进法

正循环钻进法是水井施工中最为常规的钻进工艺,工作原理如图4-1所示,这种循环的特点是"进小排大",进小是指泵入的环流断面较小,排大是指排粉的环流断面较大,因而形成冲洗介质的流速"进快排慢",有时不利于钻井的清洗和排屑。它由转盘或动力头驱动钻杆回转,由钻头切削地层钻进。冲洗液由泥浆泵送出,经过提引水龙头和钻杆流至井底冷却钻头后,经由钻杆与井壁之间的环状间隙返出井口,同时将井底的岩屑带出,用这种方法钻进砂土、黏土、砂等地层时效率较高。在第四纪地层中全面钻进,多使用鱼尾钻头、三翼刮刀钻头和牙轮钻头;在基岩地层取芯钻进时,多使用岩芯管取芯配用合金钻头或钢粒钻头;全面钻进时多使用各种牙轮钻头。

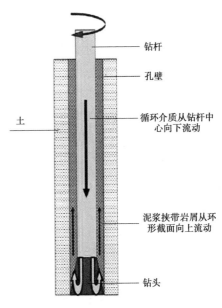

图4-1　正循环钻进法工作原理图

钻杆
孔壁
循环介质从钻杆中心向下流动
土
泥浆挟带岩屑从环形截面向上流动
钻头

二、反循环钻进法

反循环钻进法是循环介质由钻杆的外环空进入,然后从钻杆的中空排出,这种形式能达到"进慢排快"的目的,既有利于排岩屑,也利于护壁,还可节省介质供量,最为突出的是能实现连续取芯(样)钻进,工作原理如图 4-2 所示。

根据所造成的循环部位和特点,反循环法又可分为局部反循环和全井段反循环。目前,随着反循环钻进技术的推广,在钻具结构和组合上已有很大发展,有双壁钻具反循环、并列式反循环、中心反循环等多种多样的循环形式。而混合循环钻进方法,是根据钻井的不同井段或钻进中发生的问题,分别选用正循环或反循环的一种循环形式,具有较强的适应性和处理事故的能力。反循环钻进法适用于在松散类地层如卵石、砾石、砂、黏土等各类岩性中钻进大直径的钻井,具有钻进效率高、成本低等优点。

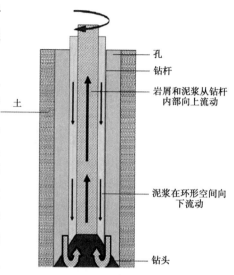

图 4-2　反循环钻进法工作原理图

(一)泵吸反循环

泵吸反循环钻进工艺如图 4-3 所示。它是运用泵的抽吸力量,对冲洗液进行反循环的一种施工钻进方法。泥浆泵的进水口与钻杆上部水龙头连接,排水口与供水池连通,即由钻头、钻杆、水龙头、胶管及砂石泵组成了抽吸系统;由砂石泵、出水胶管、供水池等组成了排屑系统。砂石泵在启动前必须进行引水。这是因为在泵吸反循环进行之前,处于供水池水位以上的钻杆内没有冲洗液,而在管路中安装有真空泵。它是利用真空泵的吸力在以上的管路内产生负压,从而使钻杆内的水位升高,最后使冲洗液充满整个砂石泵的吸水管路。这时再启动砂石泵,即能造成连续的反循环

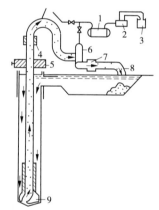

1—真空包;2—真空泵;3—冷却水容器;
4—水龙头;5—转盘;6—砂石泵;
7—单向阀;8—排出口;9—钻头

图 4-3　泵吸反循环钻进示意图

作用。除利用真空泵引水外,也可采用灌注泵或副泵向砂石泵的进水管路中引水。

砂石泵的流量应根据井内钻杆内径而定,一般为 $120 \sim 240 \ m^3/h$,最大可达 $500 \ m^3/h$,其有效吸水压力为 $0.6 \sim 0.7 \ kg/cm^2$。

由于泵吸反循环钻进是利用砂石泵的抽吸作用作为动力,用以克服冲洗液上升时的阻力,从而保持冲洗液循环,因此钻进深度不可超过 70 m,主要适用于大直径、深度较浅的水井及类似钻探工程。

（二）双壁钻杆气举反循环

双壁钻杆气举反循环钻进工艺如图4-4所示。它是利用压气机将压缩空气通过双壁钻杆送至井下的气液混合室，使钻杆内的水和气混合，形成比重小于管外液体的气水混合液，这样在钻杆内外形成较大压力差。在此压力差的作用下，钻杆内气水混合液挟带岩屑以高速向上流动，被排出井孔流入沉淀池后，又以自流的方式返回井内环状间隙，从而完成了气举反循环过程。钻进效率主要取决于压缩空气的压力和产气量，以及输气管沉没在水中的深度和混合室的结构等因素。此种钻进方法不能用于10 m以内的井段。在井深50 m以内效率低于泵吸反循环和射流反循环，但随着井孔的加深，则效率逐渐提高。这种方法常与泵吸反循环或射流反循环配合使用，以充分发挥各自的特点，取得更加经济合理的钻进效率。

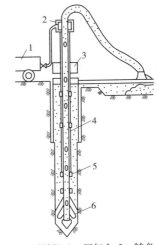

1—压风机；2—压气盒；3—转盘；
4—双壁钻杆；5—混合室；6—钻头

图4-4　双壁钻杆气举反循环钻进示意图

双壁钻杆气举反循环钻进的供气系统包括：

（1）主动钻杆。一般是在厚壁管外纵焊四条角钢，构成方钻杆，压气经角钢与厚壁管间隙送入井内混合器。

（2）压气盒。作用是将空压机输气管路与主动钻杆的气道连通，保证向井内混合器送气，亦称为气龙头。

（3）钻杆。上部采用双壁钻杆，下部采用单壁钻杆。压缩空气自上部水龙头经主动钻杆、上部双壁钻杆之间间隙送入混合器内，再由混合器进入钻杆内孔，并形成挟带岩屑的气水混合液上升至地层。

（4）混合器。将空气输入内管，使压缩空气很快与水混合，而当停止供气时，则能自动密封，防止岩屑堵塞混合器。混合器安装在井内的深度用沉没比确定，它等于混合器下入水中的深度 H 与自混合器算起的扬程高度 h 之比，用 m 表示，一般要求 $m > 0.3$，当 $m < 0.3$ 时，排液效率低，甚至可能造成液体排不出井口。

（三）悬挂式风管反循环

悬挂式风管反循环方式的外管可采用一般大口径单壁钻杆，内孔插接空气通道，原理也是利用负压实现反循环，如图4-5所示。该种反循环方式对内管强度与耐磨性要求较高，且需要重新配置气水龙头，但与

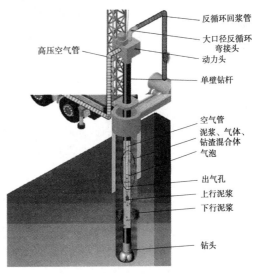

反循环回浆管
大口径反循环弯接头
动力头
高压空气管
单壁钻杆
空气管
泥浆、气体、钻渣混合体
气泡
出气孔
上行泥浆
下行泥浆
钻头

图4-5　悬挂式风管反循环原理示意图

双壁钻杆式气举反循环相比,具有以下明显优势:

（1）外管为常规钻杆,不用重新采购。

（2）调节沉没比方便,只需要调节插入到钻杆内空气管的长度即可。

（3）同样规格外管时环空间隙更大,不易堵塞且排渣方便。

（4）不存在双壁钻杆密封困难且密封易于失效的问题。

第二节　回转水井钻机

一、石家庄探矿机械厂

河北石探机械制造有限责任公司（石家庄探矿机械厂）始建于 1975 年,隶属河北省地质矿产勘查开发局,是生产钻探机械、钻探工具的专业厂家,现已发展成为国内门类较为齐全的钻探机具生产企业,产品主要有钻探设备和钻探工具两大类,钻探设备以水井工程钻机和泥浆泵为主;钻探工具以钻杆、接头、主动钻杆、钻铤等为主,尤以近期开发的外平钻杆及大直径双壁钻杆著名。其水井钻机以拖车式为主,如图 4-6 所示,钻井能力从浅到深涵盖各种需求,钻机型号与主要技术参数见表 4-1。

图 4-6　SPT – 600 型钻机外形示意图

表 4-1　钻机型号与主要技术参数

钻机型号	转盘通径（mm）	主卷扬提升力（t）	副卷扬提升力（t）	钻塔有效高度（m）	水龙头负载能力（t）	游动滑车负载能力（t）	钻机动力（kW）	配套泥浆泵
SPT – 300	505	3	2	11	18	18	30	BW600/3
SPT – 600	530	6	6	14	36	36	75	BW850/5
SPT – 800	660	6	6	14	50	50	75	BW850/5
SPT – 1500	660	9	6	15.5	75	75	110	BW1200/7

二、山东滨州市锻压机械厂

山东滨州市锻压机械厂始建于 1953 年,是一家主要从事各种工程机械、锻压机械研发、制造、销售的国有企业,是生产各种水井钻机、工程钻机、车载式钻机、旋挖钻机、非开挖导向钻机、锻造操作机的专业厂家。其水井钻机有车装式、拖车式、散装式,钻井能力从浅到深涵盖多种需求。车装式以多功能钻进工艺钻机为主,根据配备可选择不同的钻井方法,如正循环钻进和反循环钻进,以及气动潜孔锤钻进等;散装式以小型轻便钻机为主,钻机外形如图 4-7、图 4-8 所示,钻机型号与主要技术参数见表 4-2。

图 4-7 YT – 200A 型水井钻机

图 4-8 BZC400BCA 型水机钻机

表 4-2 主要钻机型号与技术参数

钻机型号	钻井深度（m）	钻井直径（mm）	动力方式	钻进工艺	钻塔高度（m）	钻井动力	配套泥浆泵	组装形式
YT – 200A	200	500	转盘	泥浆反循环	三脚架	电动机	—	散装
BZCDF200DF	200~500	2 500	动力头	泥浆反循环	6.98	柴电机组	泥浆泵真空泵	车装
BZC350CA	300	500	转盘	泥浆正循环	10.20	底盘动力	BW850/2A	车装
BZC400BCA	400	500	转盘	可多工艺钻进	12.50	底盘动力	BW850/2A	车装
BCZ500BDF	500	500	转盘	泥浆正循环	11.50	柴电机组	CBW850 – 4 – 80	车装
BCZY600BZY	600	500	转盘	泥浆正循环	11.80	柴油机	3NB – 130	车装

三、河北建勘钻探设备有限公司

河北建勘钻探设备有限公司始建于 1953 年,是一家有限责任性质的股份制企业,多年来一直专业生产 SPS300 - 800 型、SPT300 - 2000 型,钻井深度 2 000 m 以内的散装式、拖车式水文水井钻机;ZJ15 - 50 型钻井深度 5 000 m 以内的地热、石油、煤层气、盐井钻机;GYD200 - 400 型全液压动力头式大口径岩土工程钻机;钻孔直径 500 ~ 4 000 mm 系列挖泥、挖沙旋挖钻斗;钻杆、钻头等岩芯勘探、工程勘察钻具;适合国内外各类型钻机配套的结构为 A 型、K 型、四角型,有效高度 8 ~ 45 m,额定负荷 20 ~ 400 t 的多种钻塔、井架。其水井钻机主要有散装式和拖车式两种,散装式可按需要选配钻塔,钻机型号与主要技术参数见表 4-3。

表 4-3 主要钻机型号与技术参数

钻机型号	转盘通径(mm)	转盘转速(r/min)	扭矩(kN·m)	钻塔有效高度(m)	钻塔负荷(t)	组装形式
SPT - 400	530	44,170,140	16	15.2	20	车装
SPT - 600	650	23,41,89,160	25	15.2	36	车装
SPT - 1000	650	37,52,84,145	25	15.2	50	车装
SPT - 2000	650	37,52,84,145	25	15.2	70	车装
SPS - 2000	435 ~ 660		18 ~ 21	选配	选配	散装
SPS - 3000	650		25	选配	选配	散装

四、其他产家

上海 SPJ - 300 型水井钻机是一种散装钻机,以简便实用而久负盛名,目前在各地的施工队伍中仍有较大存量。郑州红星水井钻机为拖车形式,以简单耐用著称,钻机外形如图 4-9、图 4-10 所示,钻机型号与主要技术参数见表 4-4。

图 4-9　SPJ – 300 型水井钻机　　　　　图 4-10　S2000 型水机钻机

表 4-4　钻机型号与主要技术参数

钻机型号	转盘通径（mm）	转盘转速（r/min）	扭矩（kN·m）	钻塔有效高度（m）	钻塔或大钩负荷（t）	组装形式
SPJ – 300	500	40,70,128	5	13	23.5	散装
S400	650	22,59,86,126	2.3 ~ 13.7			拖挂
S600	650	22,59,86,126	2.3 ~ 13.7	14	29.4	拖挂
S2000	670	25,37.3,55.5,87.3,130.2,193.7	25	17.6	68	散装

第三节　水井施工常用泥浆泵

　　泥浆泵是钻井液循环系统中的关键设备,用于在压力下向井底输送钻井液,以便冷却钻头、挟带岩屑和保护井壁,同时也是井底动力钻具的动力液。泥浆泵属于往复泵的一种,其作用原理与一般往复泵完全相同。

一、结构与工作原理

　　卧式单杠单作用往复泵的工作原理如图 4-11 所示,它由驱动(动力端)单元与水力(液力端)单元两大部分组成。

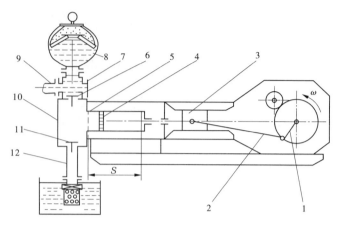

1—曲柄;2—连杆;3—十字头;4—活塞;5—泵头;6—排出阀;7—排出四通;
8—空气包;9—排出管;10—阀箱(液缸);11—吸入阀;12—吸入管

图4-11 卧式单杠单作用往复泵工作原理示意图

在工作时,动力机通过皮带、传动轴、齿轮等传动部件带动主轴及固定其上的曲柄旋转。当曲柄从水平位置自左向右逆时针旋转时,活塞向动力端(图4-11中右方)移动,液缸内压力逐渐减小并形成真空,池中被吸入的液体在液面压力作用下,顶开吸入阀进入液缸,直到活塞移动到右止点,这个工作过程称为泵的吸入过程。曲柄完成了上述的吸入过程后,继续沿逆时针方向旋转,这时活塞开始向液力端(图4-11中左方)运动,液缸内液体受到挤压,压力升高,吸入阀关闭,排出阀被顶开,液体进入排出管,直至活塞运动到左止点,这个工作过程称为泵的排出过程。随着动力机连续不断地运转,往复泵不断重复吸入和排出过程,将池中的液体吸入后源源不断地经排出管送向井底。

活塞在液缸中移动的距离,称作活塞的冲程;活塞每分钟往复运动的次数称作活塞的冲次。

二、泥浆泵的分类

泥浆泵的种类较多,分类方法也不一样,归纳起来大致有以下几种类型:

(1)按液缸数目分为双缸泵、三缸泵等。

(2)按一个活塞在液缸中往复一次吸入或排出液体的次数分,吸液或排液一次的称为单作用泵,吸液或排液两次的称为双作用泵。

(3)按液缸的布置方式及相互位置分,有卧式泵、立式泵、V形泵和星形泵等。

(4)按活塞式样分为活塞泵、柱塞泵等。

由于泥浆泵输送的液体通常是钻井液,故习惯上又称泥浆泵为钻井泵,目前水井施工中使用的钻井泵主要是三缸单作用和双缸双作用卧式活塞泵,以及立式泵。

三、主要技术参数

泥浆泵工作能力的大小可以用其基本技术参数来表示,分别是流量、压头、功率、效率、冲次和泵压等。

(1)流量:是指在单位时间内泥浆泵通过排出管输出的液体量,通常以体积单位表示,又称为体积流量,其单位为 m³/h 或 L/s。泥浆泵中的流量又分为平均流量和瞬时流量,通常所说的流量一般是指平均流量,习惯上把流量称作排量。

（2）压头:指的是单位质量的液体经泵压所增加的能量,也称为扬程,单位为 m 液柱。

（3）功率和效率:是指泥浆泵在单位时间内所做的功。一般把在单位时间内发动机传到泵轴上的能量称为输入功率或主轴功率;把在单位时间内液体经过泥浆泵后增加的能量称为泥浆泵的有效功率。功率的单位为 kW,泥浆泵的效率是指有效功率与输入功率之比。

（4）冲次:是指在单位时间内活塞的往复次数,单位为次/min。

（5）泵压:是指泥浆泵排出口处的液体压力,单位为 N/m²（Pa）、MPa。

四、泥浆泵的压力—流量特性

泥浆泵的压力—流量特性曲线,表示了泥浆泵的压力与排量之间的关系。泥浆泵的排量取决于液缸的截面面积、冲程长度、冲次、液缸数以及流量系数。

当泥浆泵的结构尺寸、冲次一定时,其排量与压力从理论上说是不相关的。但实际上,随着泵压的升高,泵的密封处（活塞与缸套之间、活塞杆与盘根之间）的漏失量增加,所以流量系数相应地会减小。

泥浆泵的额定功率、额定泵压和额定排量的关系为

$$P = P_r \cdot Q_r \tag{4-1}$$

式中:P 为额定泵功率,kW;P_r 为额定泵压,MPa;Q_r 为额定排量,L/s。

当 Q（实际排量）$< Q_r$ 时,由于泵压受到缸套允许压力的限制,即泵压最大只能等于额定泵压 P_r,此时泵功率要小于额定泵功率。随着排量的减小,泵功率将下降,泵的这种工作状态称为额定泵压工作状态,见图4-12。

当 $Q > Q_r$ 时,由于泵功率受到额定泵功率的限制,即泵功率最大只能等于额定泵功率 P,因此泵压要小于额定泵压。随着排量的增加,泵的实际工作压力要降低,泵的这种工作状态称为额定功率工作状态。

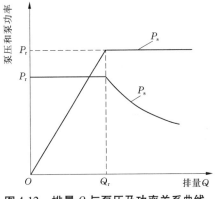

图4-12　排量 Q 与泵压及功率关系曲线

从泵的这两种工作状态可以看出,只有当泵排量等于额定排量时,泥浆泵才有可能同时达到额定输出功率和缸套的最大许用压力。因此,在选择缸套时,应尽可能选择额定排量与实用排量相近的缸套,这样才能充分发挥泥浆泵的能力。

五、水井施工常用泥浆泵

（一）山东中探机械有限公司

山东中探机械有限公司是研发、生产各种泵的重点专业厂家,生产的"中探牌"BW系列探矿用泥浆泵、NBB 系列煤矿用泥浆泵、泥浆泵配件等,广泛用于水利、电力、矿山、

地质、煤矿、交通、建筑等工程,还远销到沙特阿拉伯、俄罗斯等国家,特别是该厂生产的部分泥浆泵、砂浆泵在三峡大坝、鸟巢、水立方等国家大型工程中发挥了不可替代的作用。该公司产品设计先进,结构合理,具有压力高、流量大、多挡变量、节能降耗、体积小、效率高、寿命长、操作安全、维修方便等特点,泥浆泵外形如图4-13、图4-14所示,中探水井施工常用泥浆泵技术参数见表4-5。

图4-13　BW－450/5型泥浆泵　　　　　　图4-14　BW－850/2型泥浆泵

表4-5　中探水井施工常用泥浆泵技术参数

产品型号	公称流量 （L/min）	公称压力 （MPa）	活塞直径 （mm）	配备动力 （kW）	外形尺寸 （mm×mm×mm）	质量 （kg）
BW－450/5	450	2	95	22	1 000×995×650	520
BW－850/2	850	2	150	37	2 000×1 030×1 400	1 500
BW－850/5	850	5	140	90	3 018×1 120×2 050	3 100
BW－1200/7	1 200	7	160	185	3 045×1 440×2 420	7 200

（二）河北通达泵业有限公司

河北通达泵业有限公司是国家定点生产工业泵的专业厂家之一,产品有泥浆泵、渣浆泵、立式渣浆泵、化工泵、清水泵等,以及配件系列。其中,2PNL型、3PNL型立式泥浆泵主要适用于深度300 m以内的岩石地层水井施工,具有耐用、结构简单、运行可靠等特点,泥浆泵主要技术参数见表4-6,外形如图4-15所示。

表4-6　通达水井施工常用泥浆泵技术参数

产品型号	流量 （m³/h）	扬程 （m）	转速 （r/min）	配套电机 （kW）	口径（mm） 吸入	口径（mm） 排出	质量 （kg）
2PNL	47	19	1 450	11	96	50	150
3PNL	108	21	1 470	22	125	75	450

图 4-15　PNL 型立式泥浆泵

第四节　钻机动力机械

水井施工常用的动力机有柴油机、汽油机和交流电动机三类,车装式钻机一般为柴油机或汽油机,散装钻机可根据施工特点进行选配。

柴油机或汽油机作为动力机有以下特点:

(1)适应性强,不受供电条件限制,具有自持能力。

(2)在性能上,转速可平稳调节,能防止工作机过载,避免钻机设备出现故障。

(3)结构紧凑,体积小,质量轻,便于移运,适于野外流动工作。

(4)自身具有一定的过载能力和调速范围。

(5)作为钻机动力时,也存在扭矩曲线平坦、适应性系数小、过载能力有限,以及调速范围小、调节范围窄、噪声大、燃料成本比电动机贵、维修费用高等不足之处。

电动机按调速方式来分,有直流电动钻机和交流电动钻机两大类,是目前多数水井施工采用的主要动力。

交流电动机的转速一般不可调节,因而采用这种动力系统的钻机不能进行调速。因交流电动机具有硬特性,绞车、转盘需设立较多机械挡进行有级变速。它与柴油机直接驱动相比,短时过载能力强;采用单独驱动,传动效率高;易实现倒转,操作方便;维护保养简单,工作安全,噪声小。

第五节 钻塔和游动系统

一、钻塔(井架)

钻塔或井架是钻机起升设备的重要组成之一,为一种专用金属结构物,要求有足够的强度、高度和整体稳定性。

(一)钻塔的作用

(1)安放天车,悬挂游车、大钩及专用工具(如提引器、吊卡等)。

(2)在钻井过程中进行起下钻具操作,下套管、井管等工作。

(3)在下钻过程中存放立根,容纳立根的总长度称为立根容量。

(二)钻塔的分类

1. 四角形钻塔(井架)

四角形钻塔(井架)是由角钢或钢管构成的一种横截面为正方形或矩形的四棱锥体空间金属结构,典型的塔架本体是由四扇平面桁架组成的,而每扇平面桁架又分成若干桁架,因而整个钻塔也可看作是由许多层空间桁架组成的。此种类型钻塔具有较大的空间,承载能力和稳定性较好,且钻塔本身稳定,绷绳只起保安加固作用。四角形钻塔应用较普遍,更适用于打深井,其主要特征是承载能力大、质量轻、节距短、大门高,便于拆装和提升钻具。

石家庄煤矿机械厂生产的 HS 型系列钻塔为角钢连接式四角形结构,适宜于水文地质、煤田地质、地热井等钻机施工配套使用,有关技术参数见表4-7。

表4-7 HS 型系列钻塔有关技术参数

技术参数	钻塔型号					
	HS17－16	HS18－36 *	HS22－36	HS24－50	HS27－75	HS30－110▲
公称承载能力(t)	16	36	36	50	75	110
塔架高度(m)	17	18	22	24.5	27	30
前大门高度(m)	6.144	7.5	8.5	8.7	8.2	9
后门及侧门高度(m)	6.144	2.5	4	8.7	6.2	9
钻台面积(m×m)	5×5	5.5×5.5	6×6	6.5×6.5	7.025×7.025	7.5×7.5
天车台面积(m×m)	1.609×1.609	1.404×1.404		1.4×1.4	1.517×1.517	2×2
塔架质量(kg)	4 600	7 340	8 830	13 500	16 650	34 700
配套天车	三轮座式			四轮座式	五轮座式	六轮座式
限制风荷(kg/m²)	≤35					≤130

注:* 为可带钻具扶正器,扶正器质量为950 kg;▲为钻塔配套钻机底座。

2. A 形钻塔(井架)

A 形钻塔或井架是一种结构简单的轻便式钻塔,整个钻塔由两个等截面的空间杆件结构或管柱式结构组成。塔腿靠天车台上与钻塔上部的附加件和二层台连接成 A 字形,在大腿的前面或后面接有一对支撑杆。杆件结构式的塔腿截面依钻塔的使用要求、受力状态及制造工艺的不同,截面形式各有差异,基本上有矩形和三角形两种,其主要特征如下:

(1)两根大腿通过天车台、二层台及附加杆件构成 A 字形。

(2)大腿可以是空间杆件结构或管柱式结构,分成 3~5 段。

A 形井架的每根大腿都是封闭的整件结构,承载能力和稳定性较好。但因只有两条大腿,腿间联系较弱,致使井架整体稳定性不甚理想。

石家庄煤矿机械厂生产的 AS 系列井架为整体起升式井架,游动系统运行空间大,司钻视野开阔,钻塔主体由左、右两条大腿构成 A 形。根据钻塔的用途不同,可配套底座或工作平台,有关技术参数见表4-8。

表4-8　AS 系列钻塔有关技术参数

技术参数		产品型号					
		AS16 – 20	AS24 – 50	AS27 – 50	AS27 – 70	AS31 – 110	AS38 – 135
材料		钢管	角钢	钢管	钢管	钢管	钢管
额定承载能力(t)		20	50	50	70	110	135
塔架高度(m)		16	24	27	27	31	38
跨度(m×m)		4.2×3.1	5×3.1	5.5×3.5	5.5×3.5	6.6×5	7×5.33
二层平台安装高度(m)		—	17.4	17.5	17.4	17.7	26.3
天车		三轮定滑车	四轮定滑车	五轮定滑车		六轮定滑车	
钻塔质量	塔架自重(t)	3.1	8.6	11.9	15.95	28.3	30.4
	塔底自重(t)	2.55	4.4	4.9	17	28.5	30.5
钻塔起塔架垂直高度(m)		6	9	9	12	7	8
工作平台高度(m)		底座	底座	底座	1.2	1.6	1.7

3.桅形钻塔(井架)

桅(杆)形钻塔或井架结构形式有单柱式和双柱式,横截面为矩形或三角形。钻塔是个整体的焊接金属结构,或是由二三节焊接结构所组成的半可拆结构,有的钻塔还可以做成伸缩式或折叠式。这种桅(杆)形钻塔一般利用液压缸或卷扬机整体起放,钻塔大多固定地装在拖车上,起落、搬迁较为方便。

桅形钻塔工作时整体向井口方向倾斜,稳定性需利用绷绳来保持,以充分发挥其承载能力,这是桅形钻塔整体结构的重要特征。桅形钻塔结构简单、轻便,但承载能力小,多用于车装轻便钻机。

4.三角钻塔(井架)

三角钻塔或井架通常采用木质或钢管制成,结构简单,安装、拆迁方便。一般适用于200 m 以内的钻孔,塔高 9~12 m,提升立根长度 6~9 m。

（三）井架安全性检查

井架安全性检查的内容如下：

（1）井架外观检查。目测检查井架大腿弯曲变形和井架体扭曲程度。

（2）塔形井架主体检查。井架主体立柱、拉筋应齐全完好，检查井架主体上已更换的立柱数量及井架主体上已更换的拉筋数量。

（3）井架附件检查。作业平台、梯子、栏杆等应安装牢固、完整，符合有关规定。

（4）井架连接销孔直径胀大程度检查。销孔直径的测量采用游标卡尺，计量精度不低于 0.02 mm。测量井架大腿连接销孔直径胀大率 $\Delta d/d$（%）（Δd 为实际直径与设计销孔直径的差值，mm；d 为原设计销孔直径，mm）。测量并记录井架主体拉筋连接销孔直径胀大率大于 1% 的数量。

（四）井架报废

凡符合下列条件之一的钻井井架宜报废：①井架大腿有严重弯曲且无法校正；②井架体有明显扭曲变形；③井架大腿任一连接销孔直径胀大率大于 1%；④井架主体拉筋连接销孔直径超标数量大于 10%；⑤井架经强火烧过。

二、游动系统

游动系统包括天车、游车、钢丝绳和大钩等装置。

（一）天车和游车

天车是安装在井架顶部的定滑轮组，游车是在井架内部做上下往复运动的动滑轮组。常说的游动系统结构则指的是游车轮数目 × 天车轮数目。

1. 天车和游车结构

天车主要由天车架、滑轮、滑轮轴、轴承、轴承座和辅助滑轮等零部件组成；游车结构较简单，不再具体描述。

2. 游车的表示方法和基本参数

根据相关行业标准规定，游车的型号及相关技术参数如表 4-9 所示。

表 4-9　游车的型号及相关技术参数

技术参数	型号				
	YC225	YC250	YC315	YC350	YC450
最大静负荷(kN)	2 250	2 500	3 150	3 500	4 500
滑轮外径(mm)	1 120	1 120	1 270	1 270	1 524
滑轮数(个)	5	5	6	6	6
钢丝绳直径(mm(in))	32($1\frac{1}{4}$)	32($1\frac{1}{4}$)	35($1\frac{3}{8}$)	35($1\frac{3}{8}$)	38($1\frac{1}{2}$)
外形尺寸 (长×宽×高, mm)	2 294 × 1 190 ×630	2 294 × 1 190 ×630	2 680 × 1 350 ×974	2 680 × 1 350 ×974	3 075 × 1 600 ×800
质量(kg)	3 805	3 805	6 842	6 842	8 135

（二）大钩

大钩有单钩、双钩和三钩之分，主要由钩身、钩杆、钩座、提环、止推轴承和弹簧等组成，相关技术参数见表 4-10。

表4-10　大钩的相关技术参数

技术参数	型号					
	YG135	DG225	DG250	DG315	DG350	DG450S
最大钩载(kN)	1 350	2 250	2 500	3 150	3 500	4 500
主钩口开口尺寸(mm)	165	190	190	220	220	220
弹簧工作行程(mm)	180	180	180	200	200	200
外形尺寸 (长×宽×高,mm)	3 195× 960×616	2 545× 780×750	2 545× 780×750	2 953× 890×830	2 953× 890×830	2 953× 890×880
质量(kg)	3 590	2 180	2 180	3 410	3 410	3 496

第六节　水龙头和转盘

一、水龙头

水龙头通过提环挂在大钩上,并可随大钩运动而上提下放。它的下部连接方钻杆,从而与下井钻具连接,上部通过鹅颈管与水龙带相连。水龙头是提升、旋转、循环三大工作机制相汇交的"关节"点,在钻机组成中处于重要的部位。

(一)水龙头的功用和特点

(1)悬挂旋转着的钻柱,承受大部分以至全部钻具重力。

(2)向旋转着的钻杆柱内引输高压钻井液。

(二)水龙头的结构组成

根据水龙头在水井施工过程中所起的作用,它的结构一般可分为三个部分。

1.承载系统

承载系统包括中心管及其接头、壳体、耳轴、提环和主轴承等。质量可达百吨以上的井中钻具通过方钻杆加到中心管上,中心管通过主轴承坐在壳体上,经耳轴、提环将载荷传给大钩。

2.钻井液系统

钻井液系统包括鹅颈管、钻井液冲管总成(包括上、下井液密封盒组件等)。高压钻井液经鹅颈管进入钻井液管(冲管),流进旋转着的中心管到达钻杆柱内。中心管上、下密封,以防止高压钻井液泄漏。

3.辅助系统

壳体内空壳空间构成油池,由上盖的机油孔加注机油,以润滑主轴承、扶正轴承和防跳轴承。

上、下机油密封主要是防止钻井液漏入油池和机油泄漏,以保证各轴承正常工作。上、下扶正轴承对中心管起导正作用,保证其工作稳定、摆动较小,以改善钻井液和机油密封的工作条件,延长其寿命。防跳轴承用以承受钻井过程中由钻杆柱传来的冲击和振动,防止中心管可能发生的轴向窜跳。

各种钻井水龙头虽然结构上互有不同,但一般都是由以上三部分组成的,这是它们的结构组成的共性,常用水龙头的型号及参数见表4-11。

表4-11 常用水龙头的型号及参数

型号		SL135	SL225	SL250	SL450	SL450 – Ⅱ
最大静负荷(kN)		1 350	2 250	2 500	4 500	4 500
最高转速(r/min)		300	300	300	300	300
最大工作压力(MPa)		35	35	35	35	35
中心管内径(mm)		64	75	75	75	75
接头螺纹	接中心管(API)	4 – 1/2″ REG LH	6 – 5/8″ REG LH	6 – 5/8″ REG LH	7 – 5/8″ REG LH	7 – 5/8″ REG LH
	接方钻杆(API)	6 – 5/8″ REG LH	6 – 5/8″ REG LH	6 – 5/8″ REG LH	6 – 5/8″ REG LH	6 – 5/8″ REG LH
外形尺寸 (长×宽×高,mm)		2 520×758× 840	2 880×1 026× 820	2 880×1 026× 820	3 015×1 096× 960	3 015×1 096× 960
质量(kg)		1 341	2 246	2 246	2 700	3 460

(三)水龙带的基本参数

水龙带也叫高压管,是钻井输送钻井循环液的中间环节,一端与水龙头的鹅颈管相连,另一端与立管相连。

水龙带由胶管和管接头组合而成,由能耐弱酸、碱的合成橡胶内胶层、织物或钢丝材料的增强层以及耐油、耐老化的外胶层组成。

水龙带根据耐压大小分为两层水龙带、四层水龙带等,水井施工中常用两层及四层水龙带的主要技术性能指标参见表4-12。

表4-12 水龙带主要技术性能指标

胶管代号 (层数 – 内径 – 工作压力) (MPa)	胶管内径 (mm)	胶管外径 (mm)	缠绕层外径 (mm)	工作压力 (MPa)	最大爆破压力 (MPa)	最小弯曲半径 (mm)	单位质量 (kg/m)
2SP – 51 – 15	51 ± 1.0	66 ± 1.5	60.8 ± 1.0	15	60	850	5.0
2SP – 64 – 15	64 ± 1.2	82 ± 1.5	75 ± 1.0	15	60	1 000	5.7
2SP – 76 – 15	76 ± 1.4	99 ± 2.0	92 ± 2.0	15	60	1 100	8.5
2SP – 89 – 15	89 ± 1.4	114 ± 2.0	107 ± 2.0	15	60	1 200	9.5
2SP – 102 – 15	102 ± 1.5	126 ± 2.0	119 ± 2.0	15	60	1 300	12.0
4SP – 51 – 35	51 ± 1.0	69 ± 1.5	63.8 ± 1.0	35	70	900	5.7

二、转盘

转盘主要由水平轴(快速轴)总成、转台总成、主辅轴承和壳体等组成,在钻井过程中主要完成如下工作：

（1）转动井中钻具，传递足够大的扭矩和必要的转速。

（2）下套管或起下钻时，承托井中全部套管柱或钻杆柱质量。

（3）完成卸钻头、卸扣，以及处理事故时倒扣、进扣等辅助工作；井下动力钻具钻井时，转盘制动上部钻杆柱，承受反扭矩。

转盘的结构特点主要表现在转盘轴承的布置方案上，主要分为两大类：

（1）主、辅轴承同在大齿下方。这种方案的特点是：①转台、迷宫盘可做成一体，使外界钻井液污水不易漏入转盘内部；②辅助轴承离大齿轮较远，在齿轮径向力作用之下，辅助轴承存有间隙而减小了转台发生倾斜的程度，不致使主轴承产生过度偏磨；③辅助轴承座在下部大螺母支座上，使轴承磨损后间隙易调整。它的主要不足之处是：由于轴承长期承受振动冲击载荷的作用，大螺母易滑扣，甚至脱落，或因钻井液长期侵蚀螺母，不便于检修、维护等。

（2）主、辅轴承分置在大齿轮的两侧，主轴承在下，辅轴承在上。这种转盘主轴承易偏磨；转台、迷宫盘做成两体，钻井液易漏入油池。

转盘的主要技术参数有：

（1）通孔直径。应比第一次开钻时的最大开口钻头直径至少大 10 mm。

（2）最大静载荷。应与钻机的最大钩载相匹配。

（3）最大工作扭矩。决定着转盘的输入功率及传动零件的尺寸。

（4）最高转速。转盘在轻载荷下允许使用的最高转速，一般规定为 300 r/min。

（5）中心距。转台中心至水平轴链轮第一排齿中心的距离。

第七节　钻头、钻具及使用方法

一、钻头及使用方法

水井施工钻头主要分为刮刀钻头、牙轮钻头、金刚石钻头、硬质合金钻头、PDC 钻头和特种钻头等多种类型。

衡量钻头性能的主要经济技术指标包括：①钻头进尺，指一只钻头钻进的总长度；②钻头工作寿命，指一只钻头的累计使用时间；③钻头平均机械钻速，指一只钻头的总进尺与工作寿命之比值；④钻头的单位进尺成本。

（一）刮刀（翼片）钻头

刮刀（翼片）钻头可按刮刀片数目分为两刀片钻头、三刀片钻头和四刀片钻头。

1. 刮刀钻头的结构

刮刀钻头的结构如图 4-16 所示，可分为上钻头体、下钻头体、刀翼和喷嘴四部分。

1）上钻头体

上钻头体位于钻头上部，车有螺纹用以连接钻柱，侧面刨有装焊刀片的槽，一般为合金钢材质。

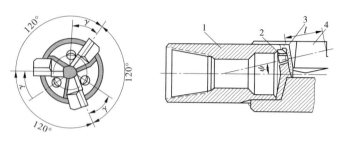

1—上钻头体;2—喷嘴;3—下钻头体;4—刀翼

图 4-16　刮刀钻头的结构

2)下钻头体

下钻头体位于上钻头体的下部,与上钻头体焊接在一起,内开三个水眼孔,用来安装喷嘴,一般为合金钢材质。

3)刀翼

刀翼是刮刀钻头直接与岩石接触、破碎岩石的工作刃,也称刮刀片。通常,刮刀钻头以其刀翼数量命名,如三刀翼的称作三刮刀钻头,两刀翼的称作两刮刀钻头或鱼尾刮刀钻头。刀翼焊在钻头体上,一般常用的为三刮刀钻头。

2.刮刀钻头的工作原理

刮刀钻头主要以切削、剪切和挤压方式破碎地层。这几种破岩方式主要是克服岩石的抗剪强度,它比克服岩石的抗压强度来破岩的方式更为容易,岩石破碎大体分为以下三个过程:

(1)刃前岩石沿剪切面破碎后,扭转力矩减小,切削刃向前推进,碰撞刃前岩石。

(2)在扭转力矩的作用下压碎前方的岩石,使其产生小剪切破碎,扭转力矩增大。

(3)刀翼继续压挤前方的岩石(部分被压成粉末),当扭转力矩增大到极限值时,岩石沿剪切面破碎,然后扭转力矩突然变小;碰撞、压碎及小剪切、大剪切这三个过程反复进行,形成破碎塑脆性岩石的全过程。

3.刮刀钻头的合理使用

1)刮刀钻头的适用地层

刮刀钻头适用于松软至软的各类土层以及泥岩、泥质砂岩、页岩等塑性和塑脆性地层中钻进。

2)刮刀钻头使用注意事项

(1)下井前的注意事项:

①搬放钻头不能猛烈碰撞,防止把硬质合金和人造金刚石聚晶以及钻头螺纹台肩碰坏。

②对选用的钻头,应测量其外径和高度以及喷嘴尺寸是否符合设计要求,并做好记录。

(2)操作注意事项:

①接钻头时丝扣必须用内外钳紧扣,不能用单吊钳紧扣,防止蹩断刮刀片,以免损坏硬质合金。

②新钻头下井时,开始时须用轻钻压钻进0.5 m后,钻出与新钻头底刃形状相适应的新井底后,再加到规定钻压钻进。

③每次接好单根下放钻具时,在钻头接触井底前启动转盘,再下放到井底加压钻进。严禁加压启动转盘,防止整断刮刀片。

④在遇到软硬地层交界面时,为防止井斜和整钻,应采用较小的钻压钻进,穿过交界面后再加压到规定的钻压钻进。

⑤要求均匀送钻,严禁放猛压,以防整坏刮刀片与井斜。

(3)起钻时间的确定。

刮刀钻头起钻时间由以下两个方面确定:一是机械钻速显著下降,整跳钻现象加重或泵压突然增高;二是参考类似地层施工钻头磨损情况,特别是外径磨损以不小于同规格的牙轮钻头为准,避免下牙轮钻头时出现扩眼或划眼现象。

(二)牙轮钻头

1. 牙轮钻头的结构

牙轮钻头是由壳体、牙爪、牙轮、轴承、永眼和储油密封补偿系统等部分组成的,其结构如图4-17所示。

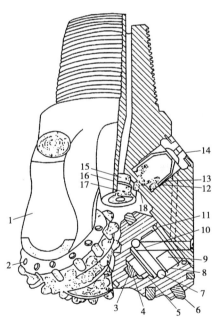

1—牙爪;2—牙轮;3—牙轮轴;4—止推块;5—衬套;6—镶齿;7—滚珠;
8—银锰合金;9—耐磨合金;10—第二道止推块;11—密封圈;12—压力补偿膜;13—护膜杯;
14—压盖;15—喷嘴;16—喷嘴密封圈;17—喷嘴卡簧;18—传压孔

图4-17　三牙轮钻头结构示意图

2. 牙轮钻头的分类

牙轮钻头有镶齿和铣齿两大类,根据地层岩性的不同又可分为七种类型,其中JR、R、ZR三种型号适用于极软到中软地层,Z型、ZY型适用于中到中硬地层,Y型、JY型适用于硬到极硬地层。按轴承结构不同,又可分为普通轴承、滚动密封轴承和滑动密封轴承。国产三牙轮钻头的系列代号见表4-13,型式代号及适用地层见表4-14。

表4-13　国产三牙轮钻头系列代号(铣齿钻头)

类别	全称	简称	代号
铣齿钻头	普通三牙轮钻头	普通钻头	Y
	喷射式三牙轮钻头	喷射式钻头	P
	滚动密封轴承喷射式三牙轮钻头	密封钻头	MP
	滚动密封轴承保径喷射式三牙轮钻头	密封保径钻头	MPB
	滑动密封轴承喷射式三牙轮钻头	滑动轴承钻头	HP
	滑动密封轴承保径喷射式三牙轮钻头	滑动保径钻头	HPB

表4-14　国产三牙轮钻头型式代号及适用地层

地质性质		极软	软	中软	中	中硬	硬	极硬
型号	型式代号	1	2	3	4	5	6	7
	原型代号	JR	R	ZR	Z	ZY	Y	JY
适用岩层举例		泥岩	中软页岩		硬页岩	石英砂岩		燧石岩
		石膏	硬石膏		石灰岩	硬白云岩		石英岩
		盐岩	中软石灰岩		中软石灰岩	硅质石灰岩		玄武岩
		软页岩	中软砂岩		中软砂岩	大理岩		黄铁矿
		全风化岩	中风化岩			硬砂岩		花岗岩
钻头体颜色		乳白	黄	淡蓝	灰	墨绿	红	褐

3.牙轮钻头的工作原理

1)牙齿的公转与自转

牙轮钻头工作时,固定在牙轮上的牙齿随钻头一起绕钻头轴线做顺时针方向的旋转运动称作公转;牙齿绕牙轮轴线做逆时针方向的旋转运动称作自转。牙轮自转的转速与钻头公转的转速以及牙齿对井底的作用有关,牙轮的自转是破碎岩石时牙齿与地层岩石之间的相互作用力的结果。牙轮分为单锥、复锥,如图4-18所示。

2)钻头的纵向振动及对地层的冲击、压碎作用

牙轮钻头工作时,钻压经牙齿作用在岩石上,牙轮滚动使牙齿与井底的接触呈单齿、双齿交错进行,单齿接触井底时,牙轮的中心处于最高位置;双齿接触井底时,牙轮的中心

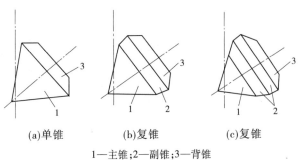

(a)单锥　　　　　(b)复锥　　　　　(c)复锥

1—主锥;2—副锥;3—背锥

图 4-18　牙轮锥面结构

下降。牙轮的滚动使牙轮中心位置不断上下交换,使钻头沿轴线做上下往复运动,即钻头的纵向振动。

钻头在井底的纵向振动使钻柱不断压缩与伸张,从而产生一个冲击载荷,通过钻头牙齿转化为对地层的冲击作用力,这是破碎岩石的主要方式。冲击载荷虽有利于破碎岩石,但会使钻头轴承过早损坏,致使牙齿特别是硬质合金齿崩碎。

牙轮钻头工作时,钻压经牙齿作用在岩石上,牙轮滚动使牙齿与井底的接触呈单齿、双齿交错进行,单齿接触井底时,牙轮的中心处于最高位置;双齿接触井底时,牙轮的中心下降。牙轮的滚动使牙轮中心位置不断上下交换,使钻头沿轴线做上下往复运动,即钻头的纵向振动。

钻头在井底的纵向振动使钻柱不断压缩与伸张,从而产生一个冲击载荷,通过钻头牙齿转化为对地层的冲击作用力,这是破碎岩石的主要方式。冲击载荷虽有利于破碎岩石,但会使钻头轴承过早损坏,致使牙齿特别是硬质合金齿崩碎。

3）牙齿对地层的剪切作用

牙轮钻头除对地层岩石产生冲击、压碎作用外,还对地层岩石产生剪切作用。剪切作用主要是通过牙轮在井底滚动时产生牙齿对井底的滑动来实现,滑动是由钻头的超顶、复锥和移轴三种结构特点所引起的。超顶和复锥引起的滑动除可在切线方向与冲击、压碎作用共同破碎岩石外,还可以剪切掉同一齿圈相邻牙齿破碎坑之间的岩石。移轴除能在轴向产生滑动和切削地层作用外,还可以剪切掉齿圈之间的岩石。牙齿的滑动虽然可以剪切井底岩石以提高破碎效率,但相应地也使牙齿磨损加剧。移轴产生的轴向滑动使牙齿的内端面部分产生磨损,而超顶和复锥引起的切线方向滑动则使牙齿侧面磨损。

4）牙轮钻头的自洗

牙轮钻头在工作时,特别是软地层钻进时,牙齿间易出现积存岩屑产生泥包的情形,从而影响钻进效率。自洁式钻头通过牙轮的一定布置,可使各牙轮的牙齿互相啮合,一个牙轮的牙齿间积存的岩屑可由另一个牙轮的牙齿剔除,这种方式就称作牙轮钻头的自洗作用。自洗式牙轮钻头的牙轮布置又分为自洗不移轴和自洗移轴两种方案,这几种情形的牙轮布置分别如图 4-19 所示。

(a)非自洗式布置方案　　　(b)自洗式不移轴布置方案　　　(c)自洗式移轴布置方案

图 4-19　牙轮布置方案

(三)金钢石钻头

1.金钢石钻头的分类

采用金钢石材料作为切削刃的钻头统称为金钢石钻头,它的品种较多,适用于由软到硬的各类地层。

根据不同的切削齿材料制造的钻头分别称为 PDC(聚晶金刚石复合片)钻头、天然金刚石钻头及 TSP 钻头(或巴拉斯钻头)。天然金钢石钻头采用天然生成的金刚石颗粒作为切削刃,PDC 钻头和 TSP 钻头用人造金刚石作为切削刃。

2.PDC 钻头

1)PDC 钻头的类别

PDC 钻头主要由钻头体、切削齿、喷嘴、保径面和接头等组成。钻头体按材料可分为胎体和钢体两种,钻头又相应地分为胎体钻头和钢体钻头。胎体钻头的钻头体是采用不同粒度的铸造碳化钨粉和碳化钨粉以及不同配比的浸渍金属料装入设计好的石墨模具中经无压浸渍、高温烧结而成的,上面预留了切削齿位置和喷嘴位置。钢体钻头的钻头体由采用整块合金钢毛坯经机械加工而成,在钻头体上焊入切削齿,装入喷嘴,再与带 API 公扣的接头焊接在一起成为钻头。随着金刚石复合片技术和钻头制造技术的发展,国内外各公司都致力于钻头的研制和改进,推出了一批设计新颖的钻头,如适用多地层的 PDC 钻头、多水眼 PDC 钻头、水力辅助破岩钻头、定向控制的方向盘式钻头、混合切削齿钻头、带缓冲器钻头、水平井钻头等不同类型。

PDC 钻头利用焊入的切削齿破碎地层岩石,这些切削齿就是 PDC。它分为复合片式切削齿和齿柱式切削齿两种结构,按一定规律布置在钻头体上。

复合片一般为圆片状,金刚石层厚度在 1 mm 左右,切削岩石时作为工作层,碳化钨基体对聚晶金刚石薄层起支撑作用。两者之间的有机结合,使 PDC 复合片既具有金刚石的硬度和耐磨性,又具有碳化钨的结构强度和抗冲击能力。由于聚晶金刚石内晶体间的取向不规则,不存在单晶金刚石所固有的节理面,因此其抗磨性及强度高于天然金刚石,且不易破碎。由于多种材料的存在,其热稳定性较差,脆性较强,不能经受冲击载荷。复合片的直径为 8 ~ 50.8 mm,钻头上常用直径为 13.4 mm 和 19 mm 的 PDC 片。

2)PDC 钻头的工作原理

PDC 钻头实质上就是微型切削片刮刀钻头,因此 PDC 钻头的工作原理与刮刀钻头的工作原理基本相同。由于聚晶金刚石层薄(1 mm 左右)、极硬,且比碳化钨衬底的耐磨性高出 100 倍以上,因此在切削岩石过程中切削刀口能保持自锐,锐利的刃口切入地层后,沿扭矩作用方向移动剪切岩石,充分利用了岩石剪切强度低的弱点,从而提高了钻进效率。

3)PDC 钻头的合理使用

(1)在钻头搬运过程中注意防碰,使用前应检查切削齿是否损坏,水眼是否堵塞。

(2)下钻时钻头上扣要使用专用卸扣板,并控制下放速度。尽量避免用钻头划眼,若必须划眼,应接上方钻杆,用大排量缓慢转动钻头,且时间不应超过 2 h。

(3)钻头下到井底后,提离井底 0.5 m 以上,循环钻井液并缓慢转动钻具,以确保井底清洁;在钻头接触井底后,应以低转速和低钻压进行井底造型 0.5~1 m。

(4)用最优钻压试求法选定钻井参数以达到最快的钻进,但不得超过厂家推荐的使用参数;可根据地层变化情况,适时调整钻进参数,以获得最优的钻进效率。

(5)在钻进时应使用钻杆滤清器,以防水眼堵塞;按要求的钻压和转速进行钻进。

(6)遇到下列情况之一时应考虑起钻:①钻头没有进尺;②泵压有明显升高或降低;③机械钻速突然降低,采取措施无效;④当低钻压钻进时,井底扭矩很大,且机械钻速降低;⑤通过每米成本计算钻头继续使用时已不经济。

3. 天然金刚石钻头

1)结构特点

金刚石钻头按金刚石的包镶方式分为表镶和孕镶两种,主要由金刚石、胎体、水槽、钢体和接头等组成。

天然金刚石钻头的胎体、钢体和接头与 PDC 钻头基本类似,但水力结构却有明显区别。憋压式水槽和辐射形水槽一般用于软到中硬地层类型的金刚石钻头之中,辐射憋压式水槽常用于硬到坚硬地层类型的金刚石钻头和井下动力钻具使用的金刚石钻头之中,螺旋形水槽常用于井下动力钻具使用的金刚石钻头之中。

2)合理使用

(1)金刚石钻钻头下井前必须清理井底,使用打捞钻具将井底落物清除出来。

(2)使用金刚石钻头应尽量避免划眼,如果必须使用金刚石钻头划眼,钻压应控制在 $(1~3)×10^4$ N,转速控制在 40~60 r/min,且送钻要均匀,防止侧面保径部分金刚石碎裂。

(3)钻压一般控制在 $(1~1.2)×10^4$ N,转速一般控制在 150 r/min 以上,排量应保证环空的上返速度能将岩屑带上来,同时要满足清洗岩屑和冷却金刚石的要求。

(4)在正常情况下,金刚石钻头的钻速会随着工作时间的增加和金刚石的磨损而逐步降低,当钻速降到一定值已不经济时,就应决定起钻。此外,在出现下列不正常情况时应该起钻:①钻进过程中钻速突然降低,表明地层岩性有变化或钻头已损坏,且采取措施无效时;②泵压和扭矩突然升高时;③泵压突然降低时;④蹩钻和跳钻时。

4. 取芯钻头

取芯钻头以环状结构破碎井底岩石用于钻取岩芯,从而在中心部位形成岩芯柱。岩芯收获率的大小、钻进快慢都与钻头的质量和选择有关。取芯钻头的结构设计要有利于提高岩芯收获率,钻头钻进时应平稳,以免振动、损坏岩芯,钻头外缘与井孔中心应同心,钻头水眼位置应使射流不直射岩芯处并减少紊流对岩芯的冲蚀。钻头的内腔应能使岩芯爪尽量靠近岩芯入口处,这样可使岩芯形成后很快经岩芯爪进入岩芯筒而被保护起来,同时可使割芯时尽量靠近岩芯根部,减少井底残留岩芯。

　　根据不同的地层,取芯钻头一般分为钢粒取芯钻头、刮刀取芯钻头和金刚石取芯钻头等类型。

　　1)钢粒取芯钻头

　　钢粒取芯钻头以研磨方式破碎岩石,为水井施工中最为常用的一种钻头形式,亦是目前最为常用的水井施工钻进方法,常用于较大口径的管井施工中。

　　钻头体一般为优质厚壁无缝钢管,上部为方形丝扣,连接岩芯管;下部割有水口,冲洗液由钻杆、岩芯管通过水口循环。岩芯管上部与取粉管连接,取粉管连接一短钻杆,从而与钻杆连接为一个整体。

　　2)刮刀取芯钻头

　　刮刀取芯钻头以切割方式破碎岩石,它与全面钻进刮刀钻头相同,在刀刃部镶焊硬质合金,刮刀片对称均布在一个同心圆的环状面积上,钻头制成阶梯状以提高钻进效率。

　　3)金刚石取芯钻头

　　金刚石取芯钻头结构形式多样,适应地层范围较广,有天然金刚石取芯钻头、人造金刚石取芯钻头和聚晶复合片取芯钻头等。

二、钻具及使用方法

(一)常用钻具及使用方法

　　钻具是指方钻杆、钻杆、钻铤、接头、稳定器、减震器,以及在特定条件下使用的工具,如打捞工具、取芯工具等。

1.方钻杆

　　在回转钻井中,方钻杆上接水龙头,下接井内钻杆;通过补心,将转盘的旋转运动传递到方钻杆,带动钻具回转。方钻杆的结构如图4-20所示。方钻杆位于钻柱的最上端,有四方形和六方形两种。钻进时,方钻杆与方补心、转盘补心配合,将地面转盘扭矩传递给钻杆,以带动钻头旋转。方钻杆上端至水龙头的连接部位的上扣均为左旋丝扣(反扣),以防止钻杆转动时卸扣。方钻杆下端至钻头的所有连接丝扣均为右旋丝扣(正扣),在方钻杆带动钻柱旋转时,丝扣越上越紧。为减轻方钻杆下部接头丝扣(经常拧卸部位)的磨损,常在该部位装一保护接头,方钻杆的强度如表4-15所示。

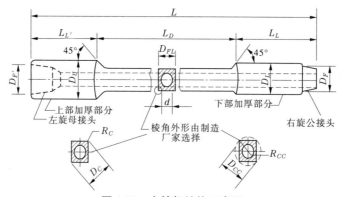

图4-20　方钻杆结构示意图

表 4-15 四方方钻杆的强度(API RP 7G)

方钻杆尺寸		套管最小外径		抗拉屈服强度(kN)		抗扭屈服强度(kN)		抗弯强度(kN·m)	
mm	in	mm	in	下部公扣端	驱动部分	下部公扣端	驱动部分	驱动部分对角	驱动部分对边
63.5	$2^1/_2$	114.3	$4^1/_2$	1 850	2 420	13.10	20.60	20.45	30.00
76.2	3	130.7	$5^1/_2$	2 380	3 170	19.60	32.60	30.10	49.35
88.9	$3^1/_2$	168.30	$6^5/_8$	3 220	3 940	30.80	48.00	48.95	75.00
108.0	$4^1/_2$	219.10	$8^5/_8$	4 680	5 820	53.30	83.50	85.40	131.90
108.0	$4^1/_2$	219.10	$8^5/_8$	6 320	5 700	77.60	85.30	87.30	133.70
133.4	$5^1/_2$	224.5	$9^5/_8$	7 150	9 250	99.00	167.50	170.40	257.80

2. 钻杆

钻杆是组成钻柱的基本部分,也是回转钻进的主要工具,连接在钻铤和方钻杆之间,其主要作用是传递扭矩,输送钻井液,连接增长钻柱,加深井眼,以及实现正常钻进等。

钻杆由无缝合金钢管制成,一般单根长 6~12 m。目前,我国使用的钻杆标准有地质标准和 API 标准;石油钻井大都是按 API 标准生产的对焊工钻杆。随着水井深度的增加,使用 API 标准的钻杆势将成为必然。

除外平钻杆外,钻杆本体两端一般都是做成加厚的,以增强连接部分强度,分为内加厚、外加厚和内外加厚三种类型,如图 4-21 所示。

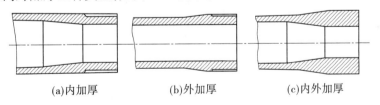

(a)内加厚   (b)外加厚   (c)内外加厚

图 4-21 钻杆本体二端加厚示意图

钻杆的公称直径指的是钻杆本体外径,以 mm 或 in 表示。钻杆钢级是指钻杆管体的钢管以最低屈服强度划分,API 钻杆的钢级有 E75、X95、G105、S135 四种。

钻杆分为有细扣和无细扣两种。无细扣钻杆是指钻杆本体与钻杆接头通过摩擦焊连接,如图 4-22(a)所示;有细扣钻杆是指钻杆本体车有丝扣与车有母丝的接头连接,如图 4-22(b)所示。

实际工作中常用的有非 API 标准以及石油 API 钻杆。通常使用的钻杆规格,可参见表 4-16、表 4-17。

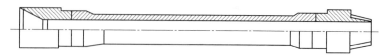

(a)无细扣钻杆(对焊钻杆)

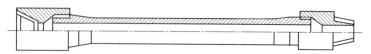

(b)有细扣钻杆

图 4-22 钻杆结构示意图

表 4-16 钻杆尺寸及代码

钻杆外径		外径代码	壁厚(mm)	内径(mm)	重力(N)	重力代号
mm	in					
60.30	$2\frac{3}{8}$	1	4.826	4.826	50.70	1
			7.112	7.112	46.10	2
73.00	$2\frac{7}{8}$	2	5.512	62.00	100	1
			9.195	54.60	151.83	2
88.90	$3\frac{1}{2}$	3	6.452	76.00	138.69	1
			9.374	70.20	194.16	2
			11.405	66.10	226.18	3
101.60	4	4	6.655	88.30	173	1
			8.382	84.80	204.38	2
			9.652	82.30	229.2	3
114.30	$4\frac{1}{2}$	5	6.883	100.50	200.73	1
			8.560	97.20	243.34	2
			10.922	92.50	291.98	3
			12.700	88.90	333.15	4
			13.975	86.40	360.03	5
127.00	5	6	7.518	112.00	237.73	1
			9.195	108.6	284.68	2
			12.700	101.60	373.73	3
139.70	$5\frac{1}{2}$	7	7.722	124.30	280.3	1
			9.169	121.40	319.71	2
			10.541	118.60	360.59	3

表 4-17　钻杆钢级　　　　　　　　　　（单位:MPa）

物理性能	钻杆钢级			
	75(E)	95(X)	105(G)	135(S)
最小屈服强度	517.11	655.00	723.95	930.7
最大屈服强度	723.95	861.85	930.79	1 137.64
最小抗拉强度	689.48	723.95	792.9	999.74

3.钻铤

钻铤的种类有圆钻铤、螺旋钻铤、无磁钻铤、方钻铤等,是一种管壁较厚的无缝钢管,单位长度重量是同尺寸的普通钻杆的 5~6 倍,采用强度较高的钢材制成,上连钻杆,下连钻头。它在牙轮钻头钻进中主要是起加重作用,并在该种钻进方法中具有关键作用。

常用的钻铤为圆形截面,大多数钻铤是在本体上直接加工连接螺纹,一端为外螺纹、一端为内螺纹,特殊的钻铤则两端都为内螺纹。钻铤的主要作用是利用本身的重量为钻头提供钻压,实现破岩钻进,常用钻铤规格见表 4-18。

表 4-18　常用钻铤规格

公称尺寸		内径(mm)		长度(m)	名义质量(kg/m)		连接螺纹
in	mm	标准	选用		标准	选用	
$3\frac{1}{2}$	88.9	38.1	71.44	9.14	39.8	123.56	$2\frac{3}{8}$IF
$6\frac{1}{4}$	158.75	57.15		9.14~12.802	135.11		4IF
7	177.8	71.44		9.14~12.802	163.20		$4\frac{1}{2}$IF

4.接头

钻具接头按作用可分为:①保护接头,如方钻杆、振击器、螺杆钻具的连接接头,用于保护特殊工具的螺纹;②转换接头,将不同类型、规格、扣型的钻具连接起来的接头;③特殊接头:具有特殊作用的接头,如单向阀接头、防喷接头等。

(二)井口工具及使用方法

井口工具是指钻井施工时,用来起下钻杆,连接钻铤、钻杆和各种井下工具,以及上卸螺纹作业的专用工具,主要包括吊卡、吊环、卡瓦、安全卡瓦以及吊钳、垫叉、拨叉、夹板和提引器等。

1.吊卡

吊卡由主体和活门两部分组成,主体的下端面可坐在转盘上,上端面承坐钻杆母接头的台肩或套管接箍台肩之上。它的主体向左右两侧伸出,形成两"耳朵",可使吊环挂进而被提起,活门在本体的侧向,活门开合便于钻杆或套管进出吊卡,如图 4-23 所示。

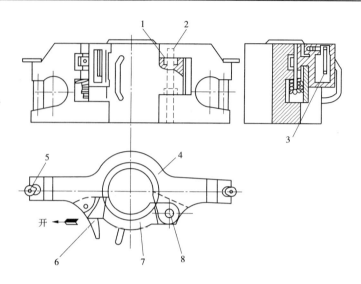

1—轴套;2—紧定螺钉;3—双保险手把;4—主体;
5—安全销;6—锁环;7—活页;8—活页销

图 4-23　吊卡结构示意图

在使用时,将吊卡扣在钻杆母接头一端的钻杆体上(或接箍一段的套管体上),通过吊环把吊卡带着钻杆(或套管)吊起来,完成起下钻的工作。

2. 吊环

吊环是在钻井起下钻具和套管、井管施工作业时,用于提升和下放的专用工具。

3. 卡瓦

卡瓦主要由卡瓦体、卡瓦牙和手柄三部分组成,有三片式、四片式和多片式,常用的为三片式。常用卡瓦体由三片组成,用两个铰链连接起来;卡瓦牙装在卡瓦体的内表面,手柄在卡瓦体的上部,以便于操作;卡瓦体的外表面是上大下小的锥体面。

卡瓦的作用是卡住钻柱,使钻柱悬挂在转盘上,当卡瓦抱住钻杆管体时,卡瓦外面的锥面与转盘里的方瓦锥面相对吻合,在钻柱自重的作用下,斜面使卡瓦抱紧,从而把钻柱卡牢;当要起出卡瓦时,只需将钻柱上提,卡瓦即可取出。不同尺寸的钻杆应使用相对应尺寸的卡瓦,钻杆卡瓦虽与钻铤卡瓦有所区别,但原理基本上都相同。

4. 吊钳

吊钳有多种型号,一般由多种钳头及装在钳头上的四块牙板、钳柄、吊杆等组成。B型吊钳结构如图 4-24 所示。

5. 其他工具

其他工具包括垫叉、拔叉、提引器、井管夹板等,主要用于有丝扣的钻杆拧卸、起降以及非 API 标准的井管下放等水井施工作业。

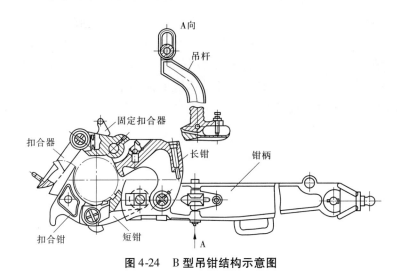

图 4-24　B 型吊钳结构示意图

第八节　回转钻进技术的运用

目前,在水井施工中,硬质合金钻头钻进、钢粒钻头钻进和牙轮钻头钻进技术是最常用的三种施工方法。

一、硬质合金钻头钻进技术

(一)硬质合金钻进原理

随着粉末冶金技术的发展,硬质合金钻进也逐步应用于水井工程之中。它是利用硬质合金切削具在给进力和回转力共同作用下破碎井底岩石,这类似于车、铣等切削的加工过程,但切削对象和井内条件要复杂得多,所以在使用上一般局限于软至中硬岩石地层。

从单个切削具来看,轴向力 P_y 使切削具切入岩石,回转力 P_x 使切削具沿圆周向前切削推进,环状井底如同螺旋一样向下延伸。切削具碎岩的前提是轴向力 P_y 足以保证切削具压入岩石中。塑性岩石的抗压和抗剪能力不强,一般情况下切削具都能压入岩石并顺利推进,切削过程基本上是连续而平稳的。脆性岩石在切削具压入时会产生脆性剪切,破碎穴大于切削具压入体积,这种破碎方式称为体积破碎。突然的崩落与剪切会使应力骤降,因此钻进是跳跃式、不平稳的,如图 4-25、图 4-26 所示。

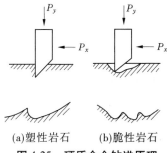

(a)塑性岩石　　(b)脆性岩石

图 4-25　硬质合金钻进原理

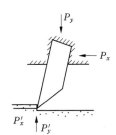

图 4-26　切削具受力示意图

硬质合金钻进的碎岩效果与轴向力(钻压)有很大关系,随钻压与岩石性质的相对关系变化,可有三种破碎方式:①表面研磨破碎,即钻压过小,切削具不能压入岩石;②疲劳破碎,即钻压稍大,但仍不足以压入岩石,只能使岩石表面产生裂纹,经反复作用才能产生效率仍然很低的疲劳破碎;③体积破碎,即钻压能保证切削具压入岩石,产生连续的体积破碎,效率高而切削具相对磨损小。

(二)硬质合金及硬质合金钻头

1. 硬质合金简述

1)硬质合金特点

(1)硬度大,硬度 HRC86 ~ HRC92 的硬质合金相当于超过莫氏硬度 9 级的刚玉,仅次于金刚石,所以它能压碎岩石而不被岩石反力破坏或产生变形;耐磨性好,可保证自身不会很快磨损而使碎岩效率迅速下降。

(2)有一定的抗弯强度和韧性,能承受一定弯矩和由不均质岩石及不稳定回转带来的冲击力。

(3)热稳定性及导热性好。

(4)成型性好,便于镶嵌成型。

(5)具有多种规格、性能及几何形状,来源方便,价格远比金刚石低。

2)硬质合金成分和物理性质

硬质合金不是单一金属元素制成的,而是由骨架金属(基体)和钴结金属两部分组成的粉末冶金产品。骨架坚硬,提供硬质点;黏结金属软,用于产品成型和调节产品性能。地质矿山用钨钴合金(YG)是以碳化钨粉末为骨架,钴粉为黏结剂制成,见表 4-19。YG 后的数字表示钴的百分含量,含钴愈多则抗弯强度和韧性愈好,但硬度和耐磨性略有下降,因此应根据不同条件选择使用。

表 4-19 地质勘探采用 YG 类硬质合金性能

合金牌号	合金性质				说明
	物理力学性质			使用性能	
	密度 ($\times 10$ kg/m³)	抗弯强度 ($\times 10^6$ Pa,$\geqslant$)	HRA ($\geqslant$)		
YG3X	15.0 ~ 15.3	1 100	91.5	耐磨性最好,冲击韧性最低	适用于地质勘探用的针状合金
YG4C	14.9 ~ 15.2	1 450	89.5	粗晶粒合金,耐磨性高于 YG6,韧性相当于 YG6	适用于结构均一、完整的岩层钻进,煤田地质勘探及油井钻头
YG6	14.6 ~ 15.0	1 450	89.5	强度及耐磨性处于中等	适用于硬铸铁、有色金属及其合金的加工
YG6A	14.6 ~ 15.0	1 400	91.5	属于添加稀有元素的细晶粒合金,耐磨性和抗压强度较高,性能稳定	

续表 4-19

合金牌号	合金性质					说明
	物理力学性质			使用性能		
	密度（×10 kg/m³）	抗弯强度（×10⁶ Pa, ≥）	HRA（≥）			
YG6X	14.6~15.0	1 400	91	属于细晶粒合金，耐磨性和抗压强度比 YG6 高		用于人造金刚石顶锤效果较好
YG8	14.5~14.9	1 500	89	使用强度高，抗冲击，抗震性比 YG6 好		常用于地质勘探及人造金刚石顶锤
YG8C	14.5~14.9	1 750	88	细晶粒合金，冲击韧性接近 YG11，耐磨性高于 YG11		适于冲击凿岩机用钎头及油井钻头
YG11C	14.0~14.4	2 100	86.5	粗晶粒合金，冲击韧性接近 YG15，耐磨性高于 YG15		
YG15	13.0~14.2	2 100	87	耐磨性较低，韧性高		用于人造金刚石压缸、凿岩机钎头

表 4-19 中符号的含义如下：

X—细粒（WC）：硬度大、耐磨性好；

C—粗粒（WC）：抗弯能力及韧性改善，但硬度下降；

A—加有碳化钽：钽（Ta）；

N—加有碳化铌：铌（Ni）。

钽、铌为重金属，可使硬质合金的密度、硬度加大，耐磨性及稳定性增强。

2. 硬质合金钻头

磨料镶嵌在钻头体上就成了钻头，切削具的数量、排列形式、出刃大小、镶嵌角度、钻头体的规格及水道形式和数量是人为确定的，称为钻头结构参数。它们对钻头的使用效果有很大影响，选择的依据随所钻岩石的性质而定。

（1）钻头体：是镶嵌切削具的基体，外径同时称孔径，总长 85~100 mm，带有内锥度，便于卡取岩芯。

（2）合金数量（切削具数量）：主要取决于钻头直径和岩石的研磨性，钻头直径和岩石的研磨性大时，切削具数量多。

（3）切削具的出刃：切削具镶焊好后超出钻头体的部分叫出刃。出刃分为内出刃、外出刃和底出刃三种，出刃的目的是保证切削具切入岩石以及冲洗液畅通。切削具出刃大则间隙大，冲洗液流动阻力小，排粉效果好的优点；但出刃过大时，切削的环槽宽度大，消耗功率大,容易崩刃或脱落切削具;切削具出刃过小则压入深度受限制。出刃过大与过小都易造成岩芯堵塞,因此出刃应有一定的合理值。岩石松软时,切削具切入的深度大,产生的岩粉量多,则出刃应大些;岩石愈硬则出刃应愈小,详见表4-20。岩石研磨性大时,似应增大出刃以抵抗磨损,实际上却采用较小的出刃,这是因为依靠加大出刃来补偿磨损消耗会使钻头外径及孔径变化大,易造成扫孔困难或夹钻事故。正确的方案是加强保径能力、增加切削具数量并适当降低回次长度。

表4-20　切削具出刃参考值　　　　　　　　　　　（单位:mm）

地层岩性	内出刃	外出刃	底出刃
松软、塑性、中研磨性	1.5 ~ 2.5	2.5 ~ 3.0	2.0 ~ 3.0
中硬、强研磨性	1.0 ~ 2.0	1.0 ~ 2.0	1.5 ~ 2.0

多环排列的切削具采用不同的底出刃时可形成阶梯形井底,底出刃大、排在前面的切削具起掏槽作用,底出刃小的切削具起扩槽作用。阶梯形井底形成了更多的自由面,使岩石易破碎且碎屑较大,单位体积破碎率减小。阶梯形钻头对脆性及较硬岩石钻进效果显著,还能增强钻头的稳定性,但阶梯过多也会造成排粉困难。

（4）切削具在钻头底面的排布有两种方式:单环排列及多环排列,如图4-27所示。单环排列适用于软岩,多环排列适用于中硬以上岩石。

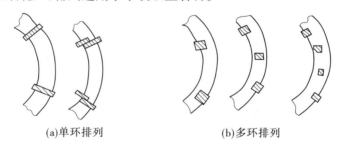

　　　　　(a)单环排列　　　　　　　　　　　　(b)多环排列

图4-27　切削具排列方式

钻头底面上的切削具由三个以上的重复单元(组)构成。一组切削具比较集中地排列在一起叫密集排列,按其密集程度不同又可分为堆状排列与疏松排列。如常用的飞机式钻头,三个合金片堆集在一起,互相支撑补强,前刃掏槽、后刃扩槽,但排粉冷却稍差;若将三颗合金拉开成为品字形钻头,即为疏松排列。

切削具在钻头底面的排布一般应遵从以下原则:①要能破碎整个环状井底;②每颗切削具的负担尽量一致;③排列应均匀、对称,保证钻头工作平稳;④每组及每颗切削具间保持间隔,便于冲洗、冷却及用后修磨;⑤尽量在井底形成多个自由面,以提高碎岩效率。

（5）切削具的镶焊角,即刃尖角 β,为切削具前面与后面的夹角,如图4-28所示。β 值愈小切削具愈尖锐,有利于切入岩石,但也愈易磨损和崩刃。因而,小 β 角多用于软岩,大 β 角多用于较硬、不均质或裂隙发育的岩石。

前角 φ 为切削具前面与岩石工作面垂线之间的夹角,前角大有利于切削和排粉,但切削具承受弯矩大,易崩刃,所以松软及塑性岩石用大 φ 角,硬脆及不均匀岩石用小 φ 角。后角 θ 为切削具后面与岩石平面间的夹角,后角过小,切入时后面与岩石接触会加大磨损。

切削角 α 为切削具前面与岩石平面间的夹角,且 $\alpha + \varphi = 90°$;根据 α 与 φ 的大小,切削具有三种镶焊形式,如图4-29所示。

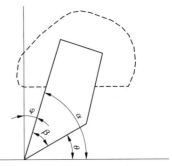

图4-28　镶焊要素示意图

①直镶:$\varphi = 0°$($\alpha = 90°$),适用于软至中硬岩石。

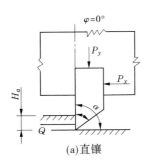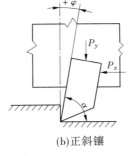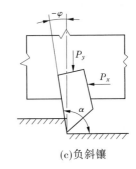

(a)直镶　　　　　　(b)正斜镶　　　　　　(c)负斜镶

图4-29　切削具镶焊形式

②正斜镶:φ 为正($\alpha < 90°$),适用于软或塑性岩石。

③负斜镶:φ 为负($\alpha > 90°$),不利于切削和排粉,但支撑性能好,能承受较大钻压,用于硬、不均质、有裂隙或研磨性强的岩石。

(6)水口和水槽:钻头体上开水口及水槽的目的是保证冲洗液畅通、冷却钻头和排除岩粉,对钻进效率及切削具的磨损有重要影响。因此,水口和水槽应有一定数量和规格,如图4-30所示。在松软或塑性岩石中钻进,水口、水槽应尽可能多些、大些;在某些膨胀缩径的地层中钻进,仅靠水口和水槽仍不足以保证冲洗液畅通时,则应采用肋骨式钻头。

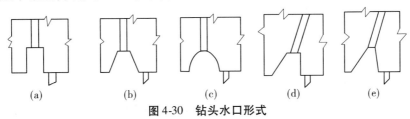

(a)　　　　(b)　　　　(c)　　　　(d)　　　　(e)

图4-30　钻头水口形式

3.常用硬质合金钻头

硬质合金钻头分为取芯与不取芯(全面钻进)两大类,取芯式钻头又分为磨锐式和自磨式两种,在基岩区水井施工中常用的是磨锐式取芯钻头。钻头命名无统一规定,或根据合金型式(如大八角、三八式、菱形薄片),或按形状特征(如品字形、飞机式),或按性能特点(如闪电式、破扩式),甚至按底出刃(如2345钻头)命名。钻头品种虽然多种多样,为了在现场制造、维修和使用方便,选型应尽量简化,重要的是掌握钻头的结构要素与地层性质的关系,能对各种钻头的特点进行分析,进而可根据需要自行设计、加工硬质合金钻头。

在钻进中切削具是不断被磨钝的,磨锐式钻头使用后需修磨再锐方可使用。切削具磨钝后与岩石接触面增大,需要不断增加钻压才能保持碎岩所需压强,而增大钻压又往往是有限度的,所以磨锐式合金钻头在钻进较硬地层时,钻速会下降很快,回次时间较短,实际使用范围比较狭窄。自磨式合金钻头采用小断面切削具(针状、小片状),随钻进磨损而不磨钝(接触面保持不变),能保持钻速基本不变,回次时间大大增加,这是自磨式钻头的特点。自磨式硬质合金钻头有胎块针状、钢柱钎状、薄片及碎粒合金等几种,定型使用的主要是胎块针状合金钻头。

不取芯硬质合金钻头大体上可分为翼片钻头、矛式钻头和环翼钻头三种,常用的为三翼阶梯钻头。

(三)硬质合金钻头钻进技术参数

硬质合金钻头钻进技术参数有钻压 P、钻头转速 N 和冲洗液量 Q,它们对钻进效率、钻井质量、材料消耗和施工安全等都有着直接、重要的影响。

1. 钻压

钻压有两种表示方法,即施加于钻头的总压力和单位钻压(每颗切削具上的压力),通常所说的钻压则指总压力。

1)钻压对钻进的影响

钻压大,切削具压入深度大,破碎体积大,因而效率提高。钻压不足时则产生表面破碎或疲劳破碎,效率很低。钻压稍大于岩石抗压入硬度时,岩石产生体积破碎,效率高而切削具相对磨损小。如继续增大钻压,效率提高不多但带来的不良影响却是多方面的,例如:

(1)钻杆弯曲,易磨损和断裂,弯曲的钻杆刮磨、敲打井壁,影响井壁稳定并使回转阻力增大。

(2)软岩中切削具压入过深会造成冲洗困难甚至烧钻;钻进硬岩则易使切削具崩刃或加大磨损,导致钻头寿命和钻进效率降低。

(3)钻具受力条件恶化,容易出现钻具断裂、脱开等故障,有时还可能出现夹钻事故。

(4)井孔易弯曲,影响钻井质量。

2)合理确定钻压的一般原则

要切实保证切削具能压入岩石,产生体积破碎,钻压应满足下式要求:

$$P \geq \alpha S \tag{4-2}$$

式中:α 为岩石抗压入能力,取决于岩石性质;S 为切削具与岩石的接触面积,取决于切削具的类型和数量。

轴向总钻压 = 每颗切削具所需钻压 × 切削具数,不同地层、不同切削具所需压力值可参见表4-21。

表4-21　切削具压力推荐值

岩石性质	切削具形式	每个合金片上的压力(N)
1~3级软、塑性岩石	片状合金	500~600
4~6级中硬、均质岩石	柱状合金	700~1 200
7~8级致密岩石	柱状合金	900~1 500
7~8级坚硬、研磨性岩石	针状合金	1 500~2 000

实际工作中经常可以看到钻进参数不能按钻进需要实施的情况,在钻压方面尤其突出。这是因为存在着某些限制条件,如钻井深度大、设备负荷能力不足、钻杆质量不佳、井孔弯曲、换径以及软岩钻进等情况,则需限制钻压及钻速。此外,磨锐式硬质合金钻进还应根据切削具磨钝情况及时调整钻压。

2. 钻头转速

转速通常用每分钟旋转周数 r/min 表示,金刚石钻头钻进有时采用圆周线速度(m/s)。

(1)转速对钻进的影响:转速反映了切削频率,当切削具切入深度一定时,单位时间内切削次数愈多则效率愈高。但转速过高时产生的热量大、振动也大,会造成钻头、钻具磨损加大,孔壁不稳定,钻速反而下降。

(2)转速的确定:在钻进塑性、松软岩石时,可加大转速以提高效率;在钻进坚硬、破碎、研磨性强的岩石时,不要在压力不足的情况下单纯加快转速,以防止切削具过早磨损。

(3)在深井、大口径的情况下应适当降低转速,常用转速推荐值参见表4-22。

表 4-22　硬质合金钻进转速推荐值

岩石性质	圆周速度 (m/s)	不同直径钻头的转速(r/min)				
		150 mm	130 mm	110 mm	91 mm	75 mm
弱研磨性软岩	1.2 ~ 1.4	150 ~ 180	180 ~ 210	210 ~ 250	250 ~ 300	300 ~ 350
中等研磨性的中硬岩石	0.9 ~ 1.2	100 ~ 120	230 ~ 260	150 ~ 200	200 ~ 250	250 ~ 300
强研磨性、裂隙硬岩石	0.6 ~ 0.8	80 ~ 100	100 ~ 120	120 ~ 160	140 ~ 160	160 ~ 180

3. 冲洗液量

1)冲洗液对钻进的影响

冲洗液的质量和数量对钻进具有很大影响,是保持井底清洁、防止重复破碎、保证钻进效率和施工安全的重要因素。因阻力与流量的平方成正比,冲洗液量过大会使泵压急剧上升,使钻头的有效钻压降低,破岩效率下降;过大的泵量还会冲蚀岩芯和冲刷井壁,有可能造成更加严重的后果。

2)冲洗液量的确定

冲洗液量可用如下公式计算:

$$Q = 6vF \quad (\text{L/min}) \tag{4-3}$$

式中:v 为冲洗液上返流速,可取 0.3 ~ 0.45 m/s;F 为钻杆与井壁间的环状间隙,$F = \pi(D^2 - d^2)/4$,cm^2。

或经验公式:

$$Q = KD \tag{4-4}$$

式中:Q 为钻压液量,L/min;K 为经验系数,在 6 ~ 15 L/(min·cm)选取;D 为钻头直径,cm。

如果岩石软、岩粉多,则 K 值取大些;如果岩石松散、易冲蚀,则 K 值取小些;岩石研磨性大、发热大,则 K 值取大些。硬质合金钻头钻进时推荐的冲洗液量参见表4-23。

表 4-23　硬质合金钻头钻进时冲洗液量推荐值

岩石性质	不同直径钻头的冲洗液量(L/min)		
	75 mm	91 mm	110 mm
松软、易碎、易冲蚀	<60	<70	<80
塑性、弱研磨性、均质	100～120	120～150	150～180
致密、研磨性	80～100	100～120	120～150

4. 钻进参数的合理配合

钻进技术参数能够达到合理、有效的配合,在钻进中非常重要。一般软岩中应以高转速为主,硬岩中以较大的钻压为主。在软岩中常用高转速、低钻压和大冲洗液量,但岩石松散、易冲蚀时,就应同时适当降低泵量、转速和钻压;在研磨性强的硬岩中钻进,则要保证足够的钻压、较大的冲洗液量,同时要适当降低转速以减少切削具的磨损。

(四)硬质合金钻头施工注意事项

1. 钻进操作注意事项

(1)新钻头下入井底前,要严格检查钻头的镶焊质量,分组(5～6 个钻头为一组)排队轮换修磨使用,以保持径一致。分组排队的顺序,是外径由大到小,内径由小到大。

(2)下钻时,对井内情况要心中有数,如井内有探头石、大掉块和较硬的脱落岩芯,不要下钻过猛,以防止蹾坏钻头。拧卸钻头时,不宜用管钳,以免夹扁钻头,使用自由钳牙也不能咬在合金上,以防压伤或压裂硬质合金。

(3)钻具下入井内、接上主动钻杆后,应即刻开泵送水,使井底沉积岩粉处于悬浮状态,然后边冲边下。当钻具不能继续下行时,表明钻头已经接触井底或碰到残留岩芯,这时应将钻具提起 0.3 m 左右,采用轻压、慢转的参数扫至井底。如下钻过猛,很可能会产生蹩水、碰碎合金及岩芯堵塞等故障。

(4)开始钻进时,先采用轻压、慢转和适量的冲洗液钻进一段距离,待钻头适应井底情况后再将钻压、转速增加到需要值。倒杆时,应使钻具呈减压状态开车,以防钻杆折断或压坏合金。

(5)正常钻进时,给压要均匀,不得无故提动钻具,以免碰断岩芯或发生堵塞。在卵砾石层中钻进时,随意提动钻具会使已经进入岩芯管内的卵砾石脱出,影响钻进速度。随着合金切削具的磨钝则需要适度增大钻压。当发现孔内有异状,如糊钻、蹩水或岩芯堵塞,应立即处理,若处理无效,则应立即提钻。

(6)保持井内清洁,井内残留岩芯在 0.5 m 以上或有脱落岩芯时,不得下入新钻头;井底有崩落合金时,或由钢粒改为合金钻进时,必须将碎合金或钢粒捞尽或磨灭后,才能下入合金钻头钻进。

(7)在松软、塑性地层使用肋骨钻头或刮刀钻头钻进时,为消除井壁上的螺旋结构或缩径现象,每钻进一段后,应及时修整井壁。

(8)每次提钻后,要检查钻头的磨损情况,以改进下回次的钻进技术参数。

(9)严禁投钢粒卡芯,卡芯过程中加压不宜过大,也不宜猛蹾;提钻、卸管要稳,退芯时不能用大锤猛烈敲击钻头。

2. 最优回次钻程时间的确定

一个起下钻循环所用去的时间叫回次时间，包括纯钻进、起下钻、换钻头等。最优回次钻程时间的确定，就是什么时候提钻最适宜。机台操作人员都有实际体会，在井深时起下钻一次不容易，能多打一点是一点；井浅时起下钻很快，与其在井底慢慢磨，还不如提钻换钻头打下一回次。可见提钻时机的选择与井深（起下钻所需时间）有关。

回次时间是纯钻进时间 t 与辅助时间 T 之和，即回次时间 $= t + T$。只要钻头还未丧失碎岩能力，回次累计进尺 H 就会增加，但纯钻进时间 t 也增加，等到完全不进尺再提钻，纯钻进效率会大幅度降低，显然不合理。合理的提钻时机应综合 H 和 T，亦即回次钻速 $v_R = H/(t + T)$ 应最大。现场求 v_R 最大值可用作图法，图4-31为回次钻速曲线图。将 t 轴反向延长至 A 点，使 $OA = T$（一定井深时，T 基本不变）。每隔一定时间丈量最优回次钻程时间的确定机上余尺，求得累计进尺，在图中标出相应的点并连成曲线。连 $A1, A2, \cdots,$ $A5$，则与日曲线相切的点所对应的纯进尺时间 t_4 为最佳钻进时间，此时 $v_R = H_4/(t_4 + T) = \tan\theta$ 最大。实际提钻时间可能在发现 v_R 下降以后，即 t_5。

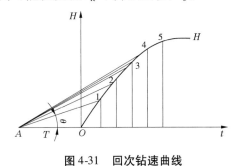

图4-31　回次钻速曲线

3. 钻进参数的合理配合

前述钻进技术参数的最优值没有考虑其他参数的影响，实际工作中几个技术参数应综合考虑，合理配合，才能取得最优钻进效果。

（1）试验表明，钻压增加，转速最优值有增大趋势。因为钻压大有利于加快岩石的变形和破碎，能充分发挥转速的作用。

（2）在研磨性强的岩石中钻进，钻压不足，转速提高时，钻进提高不多而切削具磨损会加剧。因此，这类岩石应采用大钻压、低转速。

（3）冲洗不良时，切削具会受热，致使抗磨能力下降，因此冲洗不足会限制转速的提高。

4. 采芯操作

1）硬质合金单管取芯

单管常用卡料卡芯，卡料通常用铁丝，铁丝股数根据岩芯直径确定，当岩芯直径不够均匀时，可考虑长、短、粗、细卡料结合。投卡料时钻具应略提离井底，边投边敲击主动钻杆，投完后用大泵量冲送卡料。采芯时宜大压力、低转速，并不时活动钻具，要慢提快放。必要时还可操纵离合器一开一停，此时要注意减小钻压，以防止整断钻杆。

在钻进层理发育的地层时,钻进快、岩芯多,岩芯沿层理面错动常使卡料不能到底,岩芯采取率降低或根本采不上岩芯。对于这类地层,包括破碎地层可考虑采取早投卡料、改用碎石卡料,以及在用卡料效果不可靠时,可换用喷射式反循环钻进或改用卡簧取芯等措施。

2）硬质合金双动双管取芯

这种方法即干拧法取芯,这种加压干拧的方式稍不注意即可能烧钻,因而应由有经验的工人操作,并随时注意机械运转情况。

二、钢粒钻头钻进技术

在水井施工钻进时,向井底投以钻粒,由筒状钢质钻头在一定压力下回转,拖动碾压钻粒而破碎岩石的钻进方法称为钻粒钻进。钻粒可以由不同的材质制作,如铸铁、铸钢、合金钢等,目前广泛采用的是切制钢粒,故称为钢粒钻进。

（一）钢粒钻进的井底工作过程

选用钢粒钻进施工时,在岩芯管的下端接有钢粒钻头,钻头上开有水口,当在井底投有一定量的"自由"钢粒时,钻粒钻头就压在了这些钢粒上。因而,在钻进中钻头向下施加一定的轴向压力,并做回转运动,同时冲洗液由钻头内间隙流经井底而转向,再由钻头外间隙上返流出,进行洗井。这样,井底的钢粒受钻粒自重、钻头压力、回转离心力以及冲洗液流的冲刷力等多种力的作用。在这些力的综合作用下,井底钢粒分布在钻头底部及钻头内、外环状间隙之中,钻头外部的钢粒将多于钻头内部的钢粒。但在钻头回转中,处在钻头水口部位的钢粒又落入水口,并在钻头的回转作用下,部分钻粒顺着水口的斜边进入钻头底唇下面,参与破碎井底岩石的钢粒之中。

在钻进过程中值得注意的是,冲洗液流的大小决定着井底钢粒的分布状态,影响到钢粒能否及时地补充到钻头的底部。冲洗液流还有对外环间隙中的钢粒起到漂浮和分选作用,它把在钻进过程中磨小和磨碎而没有用的钢粒和岩粉（合称钻粉）冲洗出去,而把尚可继续使用的钢粒（工作钢粒）分选留下。所以,在钢粒钻进中,冲洗液流的大小先受到分选井底钢粒要求的限制,不能过大。而又十分明显的是,冲洗液流受此种限制,还要满足井孔冲洗的要求,特别是在钻杆柱环隙井筒内,冲洗液的上返流速还不能过小。因此,在粗径钻具的上端,还必须安置取粉管,以便沉淀钻粉,这就构成了钻粒钻进的一个特点。

在钢粒钻进中,每当回次进尺开始时,将一定数量的钻粒由钻杆内孔或在下钻前由井口投入井底（称为投砂）。然后调节水量,下放钻具,开始钻进。随着井底的钻粒不断地破碎岩石、增加进尺,同时在内、外环隙中的钢粒对岩芯和井壁也会有磨削,导致岩芯变细、井壁扩大的不良作用,这种现象在钻进过程中虽应当力求减少,但难以避免。

在钻进施工过程中,钢粒不断地被磨小、磨碎、消耗减少,同时钻头唇面也在不断地被磨耗。当钻头水口减小到一定程度或绝大部分钢粒被消耗而使钻速大大下降时,回次钻程就应当结束。新的回次开始前,需要再投入钻粒和修整钻头,所以在钢粒钻进中,钢粒和钻头的消耗量很大。

（二）钢粒钻进的基本原理

硬质合金钻头钻进只适用于中硬以下岩石,在金刚石钻进未推广应用前,硬至坚硬岩石则完全依靠钢粒钻头钻进。淬火钢粒硬度为 HRC50 ~ HRC60,远比硬质合金小(HRC86 ~ HRC92),为什么反而能破碎坚硬岩石呢?原因在于碎岩原理和切削具固定方式的不同。钢粒在钻头拖动下向前滚动,其碎岩方式有以下三种:

(1)压入压碎。当钢粒与岩石以较小面积接触时,压强超过岩石的压入硬度,钢粒压入压碎岩石,产生体积破碎。

(2)压皱压裂。钢粒在岩石面上不断滚动、碾压,重复碾压使岩石表面产生裂纹并逐步加深,直至以岩屑的形式剥离下来,这种压皱压裂是一种疲劳破碎方式。

(3)脉动冲击。钢粒滚动时,由于本身尺寸不均或断面高度变化,加之钻杆回转时的振动和每次体积破碎时产生的激振,钢粒对岩石产生脉动冲击作用,对脆性岩石的破碎有很大帮助。

钢粒有着特殊的"固定"方法,即不固定在钻头上,而是依靠钻头在钻压作用下与钢粒间产生的联系力来带动钢粒。从碎岩的角度来看,这是一种最合理的固定方式,它拥有众多的切削具,而这些切削具在滚动沉浮中可以自动更换工作面,冲洗液的分选作用还能使磨损后失去工作能力的钢粒浮起、新鲜钢粒下沉,不断补充更替至钻头底面。因此,钢粒钻进不仅能破碎坚硬岩石,而且钻进回次时间也较长。

(三)钢粒和钢粒钻头

1. 钢粒

(1)材质:常用的切制钢粒含碳量为 0.60% ~ 0.80%,油中淬火,硬度为 HRC50 ~ HRC60,太软易变形,不能压入岩石;太硬、太脆则易碎。

(2)规格:$\phi2.5$、$\phi3.0$、$\phi3.5$、$\phi4.0$(mm),$h \approx d$(便于滚动)。

2. 钢粒钻头

1)材质

$40^{\#} ~ 45^{\#}$钢(硬度 HRC30 左右)。钢粒钻头起带动钢粒滚动从而破碎岩石的作用,因此它必须与钢粒间保持合适的联系力,不能太软也不能太硬。太软,钢粒会嵌入钻头底面而不能滚动;太硬,则联系力减弱而产生滑动。可以采用内外表面高频淬火来增加表面的耐磨性,既可降低磨损,又可保证与钢粒间有合适的联系力。

2)钻头结构要素

(1)钻头直径,水井施工中一般为 219 ~ 426 mm。

(2)钻头壁厚,普通钻头为 9 ~ 11 mm。

(3)钻头水口,常见水口形状如图 4-32 所示,最常用的为单弧形,数量为 1 ~ 2,常见规格大小为底宽占周长的 1/4 ~ 1/3。

(4)钻头钢体,一般钻头体全长 600 mm 左右,水口多采用单弧形。

(四)钢粒钻进技术参数

除钻压、钻头转速、冲洗液量外,钢粒钻进还有一个反映本身特点的技术参数,即投砂量与投砂方法。

1. 钻压

(1)钻压对钻进工作的影响:①影响破碎方式(能否压碎、压裂岩石),岩石越硬,则钻压要求越大;②影响与钢粒的联系力;③影响钻杆状态、功率消耗与井孔的弯曲。

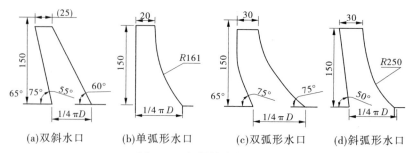

(a)双斜水口　　　(b)单弧形水口　　　(c)双弧形水口　　　(d)斜弧形水口

图 4-32　钢粒钻头水口形状

（2）钻压可按下式计算：

$$P = KpF \quad (N) \tag{4-5}$$

式中：p 为单位底唇面积所需钻压，N/cm^2，$7 \sim 8$ 级岩石，取 $p = 300 \sim 350 \ N/cm^2$，$8 \sim 9$ 级岩石，取 $p = 350 \sim 400 \ N/cm^2$，10 级以上岩石，取 $p = 450 \ N/cm^2$；F 为钻头底唇环状面积，$F = \pi(D_外^2 - D_内^2)/4$，cm^2；K 为钻头面积系数，一般取 $0.67 \sim 0.75$。

确定钻压还应考虑井孔内的情况、设备与钻具条件、质量要求以及岩石状况等。

2. 钻头转速

转速高、碎岩频率高，有利于提高钻速。但过高时离心力大，钢粒不易停留在钻头底部；钻压小而转速高时，钻头与钢粒联系力弱，易出现打滑现象（钢粒不滚动）；转速过高会加剧钻具摆动，造成岩芯磨损及井径扩大，过大的动载还会使钢粒消耗增大。钢粒钻进转速一般为 $120 \sim 250 \ r/min$。岩石研磨性弱、钻头直径小或井深不大时可采用较高转速；坚硬、强研磨性、井深和钻头直径大时则用较低转速，可参见表 4-24。

表 4-24　钢粒钻进转速推荐值

岩石级别	$7 \sim 9$			> 10	
井深(m)	$0 \sim 200$	$200 \sim 400$	> 400	$0 \sim 300$	> 300
转速(r/min)	$180 \sim 250$	180	$150 \sim 180$	180	$150 \sim 180$

3. 冲洗液量

（1）冲洗液在钢粒钻进中的作用。冲洗液是钢粒钻进技术参数中最积极的因素，除冲洗井底、冷却钻头等一般功用外，还有调节井底钢粒数量的特殊作用。

（2）冲洗液量不当对钢粒钻进的影响。如冲洗液量过大，则有以下不良影响：

①钻头底唇面钢粒不足，钻进效率低。

②钢粒集中于钻头及钻具外侧，磨损粗径钻具，扩大井径，造成岩芯堵塞。

③钻头直接接触井底时回转阻力增大。

④过大的冲洗液量（如全泵量扫孔）有时会将钢粒冲入取粉管，还未工作即已消耗了钻粒。由于泥浆悬浮能力强，使上述影响更加明显，钻进效率也更低。因此，除严格控制冲洗液量外，冲洗液的形式应尽可能采用清水或低固相泥浆钻进。

冲洗液量过小时，则造成冷却、排粉能力差、岩屑重复破碎，影响钻进效率；钻粉聚集过多易造成卡埋钻事故;钢粒聚集于内环空间,对岩芯磨耗大,岩芯易断、易堵塞。

（3）冲洗液量可按以下经验公式确定:

$$Q = KD \tag{4-6}$$

式中:Q 为冲洗液量,L/min;D 为钻头直径,mm;K 为送水系数,L/(min·mm)。

送水系数 K 与岩石性质（产生的岩粉量）、钢粒直径、钻头水口规格、冲洗液类型、投砂方法和投砂量、钻压以及转速等诸多因素有关,但可简化为一次投砂时,回次初时取 $Q = (3 \sim 4)D$,回次末时取 $Q = (2 \sim 3)D$,分批或连续投砂时取 $Q = (2.5 \sim 3.5)D$。

采用一次投砂法时,回次初、末送水量不同,钻进中需要适时调节水量,即改水,以适应钢粒消耗与钻头水口的磨损状况,改水不及时或频繁改水都不可取。

（五）投砂方法和投砂量

投砂方法主要有三种,即一次投砂、结合投砂（定时分组）和连续投砂。目前,在水井施工中使用最广的是一次投砂法,即回次钻进开始前,将需要的钢粒量自井口通过钻杆一次投入,方法简单、可靠,但当井径与岩芯直径变化大时,会造成钻速不均衡。结合投砂法是将需用量分两次以上投入,虽比一次投入更为合理,但需中途停车、停泵,从机上钻杆补砂,操作比较麻烦,还可能造成岩芯堵塞。连续投砂法是通过投砂器连续补入钢粒,钻进过程均衡,易于掌握。理想的情况是补给量等于消耗量,但实际上很难做到,更由于连续投砂器结构复杂等问题,这种方法目前还未能有效推广使用。

投砂量的大小关系着钻进效率、钻孔质量、钻具损耗及施工安全,应根据岩石性质、井孔直径和井底残留量确定,可参见表 4-25。

表 4-25　投砂量推荐值

岩石级别	不同钻头直径(mm)投砂量(kg)			
	$\phi75$	$\phi91$	$\phi110$	$\phi130$
8	1.1	1.4	1.6	2.0
9	1.5	1.8	2.2	2.6
10	2.2	2.7	3.3	3.9

（六）技术参数的综合确定与掌握

在钢粒钻进时,诸技术参数虽有各自的特点和最优值,但又相互制约和相互影响,所以必须统筹考虑、配合得当。例如,当钻压增大时,应保证钻头唇部有足够的钢粒,而当转速增加时,为了抵消过大的离心力,则外环状间隙中应有较高的钢粒柱,因此投砂量应多些;再则,当钻压和转速都增大时,岩粉量会相应增多,为保持井孔内清洁,冲洗液量就要相应增加。

如前所述,在钢粒钻进施工中,可以通过钻头磨损、岩芯变化,以及钻屑的粗细等情况来分析判断所采用的参数是否恰当,进行及时调整。

1.有关钻头磨损的情况

（1）正常磨损的钻头,其底唇呈圆弧形、麻痕均匀,这说明投砂量和冲洗液量都较恰当。

(2)钻头底唇面光滑明亮、没有麻痕,说明钻头下面没有钢粒,为钻头与岩石直接接触。

(3)钻头底端内周边向外微胀,磨成喇叭口形,且内周没有麻痕,则说明冲洗液量过大,为钻头底面内周没有钢粒,直接与岩芯摩擦所致。

(4)钻头底端外周边向内收拢,外面磨成锥形,且锥面光滑,说明冲洗液量过小,井底钢粒不足,是钻头与岩粉钻屑摩擦所致。

(5)钻头外面麻痕过高且超过水口,说明井底砂量偏多或送水量过大;麻痕高度基本上与水口齐平或略低于水口,则为砂量正常,送水合适;若麻痕只在钻头底部,则说明砂量不足或送水量偏小。

2.有关岩芯变化的情况

(1)岩心直径上下基本一致,说明砂量和冲洗液量掌握适当。

(2)岩芯直径过粗,说明冲洗液量过大或孔底钢粒偏少。

(3)若芯直径过细,说明冲洗液量过小,冲不出钻头内壁间隙中的钢粒,或井底钢粒过多。

(4)岩芯忽粗忽细,上下直径不均一,这是冲洗液量时大时小或投砂不均匀所致。

(5)岩芯上细下粗,直径相差悬殊,说明回次之初投砂量太多,水量偏小,而回次之末水量又偏大。

3.其他情况

(1)取粉管内钻屑颗粒较大,甚至有未失效或完整的钢粒,且数量较多,说明冲洗液量过大;反之,取粉管内钻屑岩粉都很细小,说明冲洗液量偏小。

(2)岩芯管外麻点刻痕超过 1 ~ 2 m 高度,说明钢粒过多或水量过大。在正常情况下,岩芯管外部的麻点高度为 0. 8 ~ 0. 9 m。

(3)在钻进过程中,如果钻头磨损正常,机械钻速高、进尺均匀、回次较长,则所选的技术参数较为适当。如果井内有"呼隆呼隆"的声音,钻具回转阻力较大,皮带跳动幅度大,且不进尺,说明井底钢粒多而水量少;如果钻具、皮带有规则地跳动,并且井内时而发出"咔、咔"声,说明水量大或钢粒少。

(4)在钻进中,如果提动钻具感觉沉重、发滞或多方调整参数也不进尺,钻头提上来,看上去磨损也正常,但麻痕高度较大,一般是井底钢粒积累太多,应冲捞井内的钢粒和钻粉。

(5)在钻进中,没有克服岩石振颤的声音,且进尺缓慢,钻头提上来后底唇面光滑,则说明井底缺少钢粒。

(6)在钻进中,回次开始进尺很快,但持续时间不久,钻速就急剧下降,取粉管捞出的钢粒也比较破碎,甚至有新鲜的断口和明显的棱角,再从粗径钻具以上的 3 ~ 4 根钻杆来看,也可发现有明显的弯曲变形,则说明使用的钻压过大。

三、牙轮钻头钻进技术

(一)牙轮钻头的工作原理

在钻杆和钻铤轴心压力的驱动下,牙轮钻头在井底以钻头公转及牙轮本身的自转从而产生的上下往复运动(纵向振动)、静压和剪切作用,来破碎井底岩石。纵向振动是牙轮在滚动过程中,双齿、单齿交替着岩,从而形成整个钻头的纵向振动,构成了轮齿对岩石的动压入作用。

牙轮钻头采用牙轮超顶、复锥和移轴的结构,使得在井底滚动的同时产生轮齿对岩石的滑动来实现剪切作用,以提高破碎效果。破碎的坑穴扩大,加上水力作用,冲蚀并扩大了破碎体积,这就形成牙轮钻头对岩石的压入、冲击和剪切的综合破碎机制。

(二)牙轮钻头的选型

1. 牙轮钻头选型的一般原则

牙轮钻头的选型是否合理,与钻井施工成本的关系很大。所以,根据施工情况合理地选择钻头非常关键。目前,在水井钻进方面使用的牙轮钻头均为石油钻井规格,其中三牙轮钻头的使用最为普遍,但在特殊水井施工时只能采用自制的组焊式牙轮钻头。

岩石大体上可分为三种类型:一种是脆性岩石,如石灰岩、砂岩、花岗岩、闪长岩等;一种是塑性岩石,如泥岩、泥质页岩等;还有一种是介于中间的塑脆性岩石,如泥质胶结的砂岩等。牙轮钻头更适于在坚硬的脆性岩石中钻进,依靠冲击、压碎的作用破碎岩石。

从多年科研开发生产实践经验来看,往往由于钻头选型不当,使得钻井速度慢、成本高。正确地选择钻头,一方面要对现有钻头的工作原理与结构性能特点有清楚的了解;另一方面还应对所钻地层的岩石物理性能有充分的认识,如对岩石的硬度、塑脆性、研磨性、可钻性等要做到心中有数,从而合理确定牙轮钻头的型号。

2. 研磨性地层的钻头选型

研磨性地层会使钻头牙齿过快磨损,机械钻速降低很快。而钻头进尺少,特别会磨损钻头的轨径齿以及牙轮背锥与爪尖,使钻头直径磨得变小,致使轴承外露,更加速钻头的损坏,在这种地层钻进最好选用镶齿钻头。

3. 软硬交错地层的钻头选型

软硬交错地层一般应选择镶齿钻头中加高楔形齿或加高锥球形齿,这样既在较软地层中有较高的机械钻速,也能保证在硬地层中的可钻性。但在钻进时钻压与转速上应有所区别,在软地层钻进时可提高转速、降低钻压,在硬地层井段应提高钻压、降低转速,从而达到更好的地质经济效果。

4. 易于井斜地层的钻头选型

地层倾角较大是产生井斜的最为主要的原因,而下部钻柱的弯曲与钻头类型的选择不当,是造成井斜的技术因素。

通过长期生产实践看,移轴类型的钻头在倾斜地层钻进时易造成井斜,所以应选用不移轴或移轴量较小的牙轮钻头。同时,在保证移轴小的前提下,还应选取比地层岩石性能较软类型的钻头,这样可在较低的钻压下提高机械钻速,既能保证钻进速度,又能降低井斜。

5. 浅井段与深井段的钻头选型

在浅井段应选用机械钻速较高类型的钻头,深井段应考虑使用寿命长的钻头,这样选型既经济又安全。选择钻头的基本原则是把钻进成本降到最低。钻进成本可用下式计算:

$$C = \left[C_b + C_r(T_t + T) \right]/R/T \quad （元/m） \tag{4-7}$$

式中：C_b 为钻头成本；C_r 为钻机作业费；T_t 为起下钻时间；T 为纯钻时间或钻头寿命；R 为平均钻速。

从式(4-7)可以看出，要降低成本就要提高钻速和寿命，钻速比寿命显得更为重要。不过随着井深的增加，起下钻时间 T_t 增加，这个因素的重要程度会降低，但钻速总是比寿命重要。从优选钻井参数的角度来考虑，钻速与寿命二者是矛盾的，即钻速增加寿命缩短，但对于镶齿钻头，牙齿的磨损程度对钻速的影响不大。因此，钻头的初步选型一般主要从获得最高的钻速出发。

（三）牙轮钻头钻进技术参数

1.钻压

钻压的大小应根据地层的软硬程度确定，而且应考虑到钻头质量、钻具质量、洗井液排量、井身质量要求，以及设备状况、动力情况诸因素。在水井施工中，对于中硬至坚硬地层岩石，钻压范围一般在每吋径 1.0 ~ 1.5 t 之间选取。

2.钻头转速

一般而言，钻进效率随钻头钻速的增大而提高，但受洗井条件、设备和钻柱强度、岩石性质等因素的制约而不能任意增大转速。在良好的洗井条件下，井底岩屑能及时排除，则钻进效率提升；如洗井条件不好，井底岩屑不能及时排除，势必造成重复破碎，钻进效率降低，甚至存在钻头泥包的危害。在研磨性大的地层，如果转速过快，将显著降低钻头的工作寿命，因而不宜采用过快的钻速钻进。常用国产牙轮钻头的钻速推荐值见表4-26。

表4-26 三牙轮钻头钻速推荐值

钻头类型	JR	R	ZR	Z	ZY	Y	JY
钻速(r/min)	110 ~ 150	110 ~ 150	80 ~ 110	80 ~ 110	50 ~ 80	50 ~ 80	50 ~ 80

3.冲洗液量

在钻进过程中，随着冲洗液量的加大，钻进效率亦相应加大。当排量加大到一定程度时，钻进效率的变化就不大了。一般要求冲洗液的上返速度在 1 m/s 以上，最小则不能小于 0.5 m/s，否则岩屑不能及时带离井底，易于产生井下复杂状况。在水井施工中，冲洗液排量一般在 20 ~ 50 L/s 选取。

4.技术参数的综合确定与掌握

在水井施工中，只有钻压、转速、排量三个参数达到合理配合，才能获得较高的钻进效率。如果钻压、转速增大，排量就需相应增大；又如钻压增大，钻头转速就要相应减小。在硬地层中采用牙轮钻头钻进，一般要求高钻压、大排量、适当的转速。

（四）牙轮钻头钻进的优点及适应性

目前，不论在国内施工还是去国外承包水井工程，一般均采用牙轮钻头钻进工艺，尤其是深水井、地热井施工更是如此。从近年来牙轮钻头使用的领域来看，已扩展到桩基施工、非开挖工程施工、煤矿瓦斯排放井施工，应用范围在不断扩大，产生的社会效益和经济效益非常显著。工程实践证明，采用牙轮钻头钻进工艺对地层及地下水情况无特殊要求，具有适应性好、适用范围广的特点,应大力推广应用。

　　牙轮钻头钻进工艺同一般筒钻取芯钻进效率相比,要高出 1 倍到数倍以上,钻头寿命也高,一只三牙轮钻头在 5 ~ 6 级中硬岩石中钻进数十米至百米一般不成问题,成本较低,且一次性投资也不大。钻进过程中增加了纯钻时间、缩短了辅助时间(有时几个班才提一次钻)。所钻井壁圆滑、完整、垂直度高,这也是正循环钻进工艺所特别具有的长处。

第五章　冲击钻井技术

第一节　冲击钻进工艺原理

　　冲击钻又称为顿钻,分为钻杆冲击钻进和钢丝绳冲击钻进两种方法,水井施工一般采用钢丝绳冲击钻进方法。它是借助于具有一定重量的钻头,在一定的高度内周期性地冲击井底以破碎岩层,在每次冲击之后,钻头或抽筒在钢丝绳带动下回转一定的角度,从而使钻井得到规则的圆形断面。

　　在水井施工中,该方法主要用于弱含水地层、较大口径的水井钻进,在卵石、砾石层、致密的基岩层钻进效果较好。在第四纪地层中钻进,多使用工字形钻头和抽筒式钻头,在基岩层中多使用十字形钻头或圆形钻头。冲击钻进虽速度慢、效率低,但具有设备简单、成井口径粗、成本低等优点,能较好地满足缺水地区较大口径浅机井的施工需求。

　　冲击钻进是凿井发展历程中最古老的一种打井方法,钻机设备结构简单,一般没有循环洗井系统,岩屑的清除与钻机不能同时进行,因而功效较低,钻井深度一般较浅,多适于在卵砾石层或风化岩层中施工。

　　用于水井施工的冲击钻机主要有冲抓锥与钢丝绳冲击式钻机两种。冲抓锥是利用钻具本身的重力冲击地层,在钻具的下端是几个可以张合的尖角形抓瓣,当钻具在自身重力作用下向下运动时,抓瓣张开,切入岩层,然后由卷扬机通过钢丝绳提升钻具,抓瓣在闭合过程中将岩屑抓入锥体内,提出井口卸出岩屑。钢丝绳冲击式钻机由桅杆和装在顶端的提升滑轮、钢丝绳、冲击机构、钻具、电动机等组成。在作业时动力通过传动装置驱动冲击机构,带动钢丝绳使钻具做上下往复运动,在向下运动时靠钻头本身的重力切入并破碎岩层,向上运动靠钢丝绳牵引,钻头冲程一般为 $0.5 \sim 1$ m,冲击频率一般为 $30 \sim 60$ 次/min;钻进与清除岩屑同时进行,岩屑由抽砂筒的活门提升闭合带出井口。

第二节　冲击水井钻机

一、山西省水工机械厂

　　山西省水工机械厂(原山西省凿井机械厂)是水利、水工机械和装备的专业生产企业,产品有钢丝绳冲击式钻机系列,钻机型号与主要技术参数见表5-1,钻机外形如图5-1所示。

二、河北省清苑县鑫华钻机厂

　　清苑县鑫华钻机厂位于保定市以南 10 km,专业生产冲击式工程钻机,主要适用于深水井、水利工程、建筑、路桥、电力等岩土基础工程施工,能适应各种不同的地质情况,特别是在卵石层和岩层中成孔。钻机型号与主要技术参数见表5-2,钻机外形如图5-2所示。

表 5-1　钻机型号与主要技术参数

钻机型号	钻井深度（m）	钻井直径（mm）	钻具质量（kg）	电机功率（kW）	外形尺寸（m×m×m）		整机质量（t）
					运输	工作	
CZ－22B	300	1 000	1 600	37	8.6×2.33×2.75	5.8×2.33×12.7	7.8
CZ－22S	200	1 200	2 000	45	5.8×2.33×12.7		8.5
CZ－30（Ⅱ）	500	1 000	2 500	45	10.0×2.66×3.5	8.45×2.66×16.3	13.8

图 5-1　CZ－22S 型钢丝绳冲击钻机

表 5-2　钻机型号与主要技术参数

钻机型号	最大钻井深度（m）	最大钻井直径（mm）	钻具质量（kg）	电机功率（kW）	外形尺寸（m×m×m）	整机质量（t）
CZ－6A	300	1 800	5 000	55	9.30×2.50×3.10	9.5
CZ－8A	300	2 500	7 000	75	9.30×2.50×3.15	10.5
CZ120－6	300	1 500	5 000	配70 kW 发电机组	—	9.5

图 5-2　CZ－6A 型冲击钻机

第三节　钻具与钻头

冲击式钻具分为抽筒钻具和钻头两种,两种钻具各有优缺点,可根据钻进岩层的性质和操作习惯选择使用。

一、抽筒钻具

(一)火箭式抽筒

火箭式抽筒具有高效、低耗的特点,主要适用于松散的砂土层和较小的砂砾石层,由抽筒身、切削刃、半活门底靴、钢丝绳接头等组成,如图5-3所示。

1. 抽筒身

抽筒身用长4.5~5.5 m厚皮(28 mm无缝)钢管制成,主要起加重钻具作用。

2. 切削刃

切削刃主要起切削或破碎岩层以及扩孔的作用,是用弹簧钢板焊成12块丁字形的切削工具,分两层焊在抽筒的下部,第一层距底靴0.4 m,第二层紧挨第一层的顶端,每层六块,交错排列。第一层切削刃的圆周外径小于第二层切削刃外径5 mm。

3. 半活门底靴

半活门底靴是安装在抽筒底部的切削刃,与一般抽筒用底靴类似,只是将整活门改为中间半活门。该底靴由优质碳素钢锻成,除切削岩层外,还能起到搅动泥浆和悬浮岩屑的作用。

4. 钢丝绳接头

钢丝绳接头和一般钻具使用的接头相同,固定焊在抽筒的上端。

(二)肋骨式抽筒

肋骨式抽筒是在抽筒底靴上焊以各式肋骨片,以增大钻具直径,在钻进中使抽筒与孔壁之间有一定的环状间隙,以减小钻具与井壁的摩阻力及提动钻具时的抽吸力,提高钻进速度,其结构如图5-4所示。抽筒身是由ϕ273~325 mm无缝钢管(长度4~5 m)制成的,上端焊提引梁,下端装抽筒底靴,肋骨片均匀、周正地焊在抽筒身上。

肋骨片的形状有梯形、菱形和圆钢条三叠形,前一种适用于钻进,后两种适用于处理斜孔。另外有单环肋骨抽筒,在保证井孔圆整方面有显著优点,还有为增加钻具重量而特制的上半部灌铅抽筒,使用效果良好。

1. 梯形肋骨片

梯形肋骨片是用厚15~25 mm的钢板切割而成的,其规格数量一般根据地层性质、

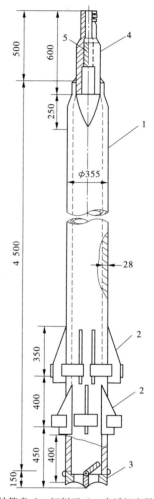

1—抽筒身;2—切削刃;3—半活门底靴

图5-3　火箭式抽筒结构示意图

钻井直径和抽筒的直径综合而定。井径和抽筒的直径加大,肋骨片的数量亦要相应地增多,如钻井直径为 500 mm,则常采用 325 mm 的抽筒,镶焊的肋骨片为 6~8 片;如井孔直径为 600 mm,抽筒仍为 325 mm,则镶焊的肋骨片为 8~12 片。图 5-5(a)为梯形肋骨片结构示意图。

在砂砾层中钻进时,由于地层对抽筒的阻力较小,同时不易在孔壁上形成梅花槽,为了提高钻进效率,肋骨片的数量可以少些。为了提高肋骨片的耐磨能力,肋骨梯形的两个腰要陡一些。

在黏土层中钻进,岩层黏软,为了保证孔壁圆滑,肋骨片的数量应该多些,如果岩层有半胶结现象,应在肋骨片外面加焊钢圈。

2. 菱形厚片式肋骨片

图 5-5(b)为菱形厚片式肋片骨结构示意图。

3. 圆钢三叠式肋骨片抽筒

图 5-5(c)为圆钢三叠式肋骨片,即将圆钢条两端切成梯形斜面,然后将三根钢条焊接,镶焊肋骨的尺寸形状要一致,镶焊要分布均匀、周正,以防井孔倾斜。

1—抽筒身;2—提引梁;
3—抽筒底靴;4—肋骨片

图 5-4　肋骨式抽筒结构示意图

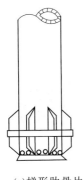
(a)梯形肋骨片

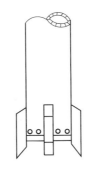
(b)菱形厚片式肋骨片

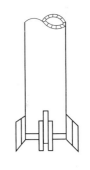
(c)圆钢三叠式肋骨片

图 5-5　肋骨片结构示意图

二、钻头

冲击钻进用钻头有两种:一种为工字形钻头,适用于各种冲积层,特别是在卵石层、砾石层中不仅可以取得较高的钻进效率,而且不易发生卡钻事故。使用这种钻头需要比较熟练的操作技术,必须保证钻头在井内顺利地转动才能使钻井较为圆整。另一种为十字钻头,四个钻刃占去井径的大部分圆周,只要做轻微的转动即能使钻井圆整,但是钻进效率较低,一般较少采用。

（一）工字形钻头

工字形钻头是在出厂钻头的基础上又镶焊而成的，结构如图 5-6 所示。该种钻头具有以下几个特点：

（1）钻头的摩擦面为一斜面，与井壁成 10°角，钻进中可减少钻头与井壁的摩擦，有利于提高钻进效率。

（2）钻头的两切削刃成 160°～170°角，钻进中切削刃的两端先对岩层起松动、破坏作用。

（3）钻头的切削角根据不同岩层焊成不同角度，岩层软时角度小，岩层硬时则角度大。

（4）钻头的补焊宽度 E，是将新制钻头按计划加工补焊的尺度，相当于井孔圆周的 $1/6 \sim 1/4$。如补焊宽度大，则钻头在井中转动差，钻进效率也受影响；如补焊宽度过小，又容易造成扁孔、卡钻等事故。

（5）钻头的摩擦面宽度 B 为 50～90 mm，如过宽，则摩擦面积加大，影响钻头在井孔中的转动；过狭则对钻头的补焊部分磨损过快，将使补焊钻头的次数增多。

（二）十字形钻头

十字形钻头的结构如图 5-7 所示，钻头的上端为连接钻杆的锥形丝扣，打捞用的环形槽下端有主刃、副刃和水槽，中间有拧紧丝扣用的扳手平面。该种钻头具有如下特点：

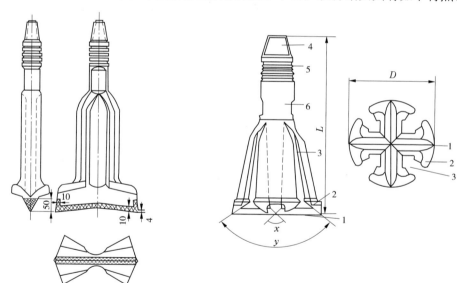

1—主刃；2—副刃；3—水槽；4—锥形丝扣；

5—环形槽；6—扳手平面

图 5-6　工字形钻头结构示意图　（单位:mm）　　图 5-7　十字形钻头结构示意图

（1）钻刃分布均匀且占井孔圆周的 $2/3 \sim 4/5$，所以钻具只要稍稍转动，即能保证井孔圆整。

（2）钻刃磨损后补焊容易，四个水槽里边大、外边小，均能减小冲击阻力并能预防卡钻。

（3）操作简单,比较易于学习掌握。

第四节　冲击钻进技术的运用

冲击式钻进在松散层或岩石中、浅井或深井中运用,使用抽筒或钻头钻进的操作方法具有不同的特点,操作中应根据具体情况适当掌握。

一、使用钻头钻进冲积层

钻头钻进冲积层使用历史较长,设备简单,操作安全,不易发生事故,适用于各种冲积层,但是钻进效率较低。

钻进中一般使用补焊后的钻头,开始钻进钻具未全部下入井孔之前,需两人以木夹板把持钻具,使钻具转动。钻具全部进入井孔后再盖好井台板,继续钻进。操作方法可分为不拧绳法和拧绳操作法两种。

（一）不拧绳法

不拧绳法一般采用活环钢丝绳接头或开口式活芯钢丝绳接头,钻具在井孔中借助钢丝绳扭力而转动。钻具冲击井底时,钢丝绳松动,扭动活芯旋转一定角度,钻具离开井底时,钢丝绳悬垂拉紧,扭动钻具向另一方向旋转一定角度,如此反复冲击和离开井底,钻具按一个方向旋转,使井孔保持圆整。操作时,边冲击边松钢丝绳,至一定深度,提出钻具,用掏泥筒清理井孔。

（1）开始钻进前,井孔内应注满泥浆,泥浆必须经常保持接近地平,泥浆指标必须合乎技术要求。

（2）开动钻机前,必须检查各操纵闸把的灵活情况后,再开动机械开始钻进。

（3）钻进过程中,钻刃应经常保持锋利,及时清理井孔,才能提高钻进效率。当井底岩屑增多、阻力加大时,应立即停止钻进,提出钻具进行清孔。一般在卵石层中钻进 20 ~ 30 min,在松软土层中钻进 10 min 左右即应提升钻具清孔,否则钻进效率将显著降低。

（4）钻进时,应勤给进、少给进,不可操之过急。握绳时应掌握以下要领:

①判断钻具冲击井底情况,避免因松绳过多而"打重"以及松绳太少而"打轻"。

②判断钻具转动情况,避免钻具不转动而产生扁孔现象。

③判断地层的变换情况,以便确定是否提升钻具,进行取样。

（5）钻进大卵石、风化岩层、硬黏土层时,极易产生孔底不平现象,此时钢丝绳运动将不正常,冲击忽轻忽重,声音不匀,可将钻具提高少许,减少每分钟冲击次数,以进行井底平整修理,或者根据岩层的坚硬程度,填入一些砖石碎块高出原深度 0.5 m,再重新钻进,直至井底平整。

（6）井孔不圆或扁孔的原因和修理方法。

①井孔不圆的原因:钻进岩层由硬变软,钻进速度增快,钻具转动慢不能与进尺相适应;孔壁探出的大石块妨碍钻具转动,操作人未及时发觉;钻头上钻耳磨损严重,钻耳对角小于钻头底刃,没有及时补焊。

②井孔不圆的整修方法:整修补焊不合规格的钻头,并将其提至扁孔处,减少每分钟

冲击次数,进行修理;在松软土层中遇有扁孔现象,可在钻头刃上焊以汽车弹簧片,使钻头刃部成圆形,在扁孔处徐徐向下冲击,逐渐将井孔修圆。

(7)卡钻。

井孔不圆或探头石块的阻碍,往往造成钻具被卡现象,当发现钻具上卡时,不得强提钻具,可根据实际情况将钢丝绳稍松,将钻具砸下去,提上来检查好卡钻原因后再进行修孔。

钻具下卡时,不得用卷扬闸强提,也不得用冲击轴提,可将钢丝绳绷紧用千斤顶或用杠杆代替千斤顶。待下卡解除后,再慢慢修理井孔,先修好上部井孔再进行下部卡钻处的整修。

(8)井孔大量漏失泥浆时,应加大泥浆比重和黏度,使孔内泥浆指标达到一定稠度,漏失量减少后,再继续钻进。

(9)塌孔时,首先用测绳测出坍塌的深度,了解坍塌的详细情况,上部坍塌须下套管或加大泥浆比重和黏度,下部坍塌可填入大量黏土,重新开孔。

(10)井孔清理。

①在卵石层中钻进时,放入掏泥筒至井底,一般提高掏泥筒 15 ~ 20 cm,冲击三四次即可提升;在黏土、亚黏土层中钻进时,掏泥筒提高 0.5 m,冲击一二次即可提升。

②掏泥筒提升至泥浆液面,用手晃动钢丝绳将稀泥浆晃出去,挂好自动放倒掏泥筒的拉绳,一端拴在地锚上,一端为铁钩,用以挂在掏泥筒钢丝绳上,如图 5-8 所示。此后,再下松钢丝绳,掏泥筒即自动倾倒,并使稠泥浆和岩屑流到废泥坑中去。

③在长时间停钻后再开工掏泥时,不要一次掏到底,以免淤住掏泥筒;如整理掏泥筒卷扬绳,必须停止运转后再进行操作。

(二)拧绳操作法

拧绳操作法多采用死芯钢丝绳接头,如图 5-9 所示。钻进时操作人用钢丝绳把手(见图 5-10)夹紧钢丝绳,随着钻具的上下冲击,顺向拧绳,边拧边松放钢丝绳,即把天轮至把手间的一段钢丝绳扭紧,拧至 40 ~ 50 转后,根据具体情况,逆向反拧,至扭紧的钢丝绳全部松开,把手已无扭力时,当钻具钻进数十厘米时,即开始提升钻具,用掏泥筒清理井孔,如此反复进行。该法的优点是便于掌握井孔圆度,易于处理井孔内故障;缺点是劳动强度大,操作技术难以掌握,故目前已很少采用。但是,在处理扁孔或孔内部分不圆的事故时,仍可使用钢丝绳把手拧绳,借以达到修孔目的。

二、使用抽筒钻具钻进冲积层

(1)使用抽筒钻具钻进冲积层,优点很多:①钻进速度快,机身稳、不易打空,操作容易;②保证井孔圆整;③钻具简单、容易制造修理。

(2)钻进效率是钻头的 3 ~ 4 倍,在砂、卵石层中钻进效率尤其显著。

(3)钻进中动力消耗较大,机械负荷较大,抽筒活门有时易于损坏,安全操作方面不如钻头钻进。

(4)钻进操作方法。

①使冲击离合器结合,带动冲击机构,使钻具冲击;停止冲击时,应在冲击连杆快要转动到上死点时,使冲击离合器分开,即可停止冲击。

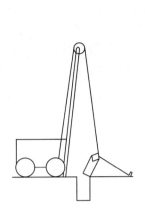

图 5-8　掏泥桶自动倾倒法

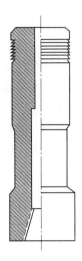

图 5-9　死芯钢丝绳接头

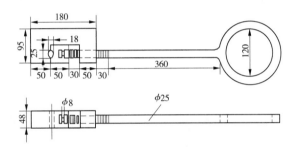

图 5-10　钢丝绳把手示意图　（单位:mm）

②冲击钻进中,随着进尺应不断地松出一定长度的钢丝绳,以满足进尺的需要,一般当游梁转过上死点之后,即放闸把,如此可顺利地松一段钢丝绳。

③钻进中孔内钻具情况判断:钻进时要求钻具有足够的冲击力量不断地冲击井底,抽筒活门随着冲击不断张开、闭合来吞套砂砾、砾石才能得到进尺。松绳长度要适当,松绳过长则钻具冲击井底无力量,抽筒活门也不易张开,钻进速度变慢;相反,如松绳过短,钻具将不易到底,不仅不能进尺,且钻具重量都作用在钻机和钢丝绳上,容易损坏机械。

④钻进中地层变化时的操作感觉:钻进中岩层变为黏土、砂质黏土时,岩层对钻具产生嘬劲,钻机钢丝绳有柔劲;当岩层变为亚砂土层、粉砂层、细砂层、中砂层时,则钻进速度加快,岩层对钻具没有嘬劲,钻机工作轻快;当岩层变为半胶结层、大卵石层、大砾石层等时,则钻进速度减慢,往往有突然进尺的现象,钻机工作轻快,但抽筒活门容易损坏,且时常发生卡钻现象。

（5）钻进中对含水层贫水或富水的判断:①含水层贫水时钻进速度慢,提钻时钻具表面沾有大量泥浆或黏土块,掏泥筒倒砂时,砂砾、砾石不易倒出;②含水层富水时钻进速度较快,提出的钻具表面清洁光滑,倒砂时,砂砾、卵石极易倒出来。

（6）钻进中应注意的问题。

各种岩层的特性不同,钻进操作中所采用的措施也不同:

①黏土、砂质黏土岩层。该类岩层黏软、透水性差,自造浆能力强,所以钻进中可用清水钻进,自然造浆。为了钻出的孔壁圆滑,可用镶焊周圈的抽筒钻进,因岩层对抽筒的嘬力大,操作时要用"中冲程"钻进,每次进尺要少,一般为 0.5 m 左右,必须勤松绳,每次少松绳。如果冲程过高,容易造成卡钻;如果冲程过低,抽筒活门容易堵塞,且将影响进度。

②砂、砂砾、卵石岩层。该类岩层较松散,稳定时一般可用清水钻进,采用中冲程、勤松绳、少松绳的钻进方法,每次进尺控制在 1 m 以内。如果冲程高,容易引起孔壁坍塌;如果冲程过低,则不易进尺。在大卵石、漂石等岩层,抽筒钻进困难,孔内又严重漏水时,应采用泥浆护壁和钻头冲击破碎岩层的钻进方法,砸碎、挤压大卵石、漂石,并用掏泥筒掏出岩屑。

③易坍塌或承压含水层。在这些含水层中钻进容易发生坍孔、埋钻、卡钻等事故,因此必须采用泥浆钻进,同时要适当提高泥浆的比重和黏度,以防止井孔坍塌,在泥浆大量漏失的情况下,可以向孔内投入黏土块以堵住漏洞。在易坍塌岩层中钻进,一般要采用低冲程、勤松绳、少松绳,每次进尺不要太多,起钻提升速度不要太快的操作方法。

三、抽筒与钻头相结合的钻进方法

抽筒和钻头各有其优缺点,在不同的岩层和钻孔结构中,钻进的效率各不相同,二者可取长补短,互相配合,效果更为理想。

(一)使用的钻具

使用不带钻翅或肋骨的抽筒,但下端带锋利的底刃,抽筒上部有加重钻杆,使其达到钻具的重量,顶端接开口活芯钢丝绳接头连接钢丝绳。

钻头可使用镶焊的工字形钻头,但是钻耳应较大,钻头的补焊宽度相当于井孔圆周的1/4 ~ 1/3,钻头做很小的转动即能修圆井孔。加重杆上连接开口活芯钢丝绳接头,钻头底刃外径为井孔要求,一般较抽筒外径大 200 ~ 250 mm。

(二)钻进方法

钻进时,先用抽筒钻进,开始效率很高;但当有一定进尺后,因为岩层对无肋骨的抽筒阻力很大,所以效率显著变低。一般砂、砂砾层钻进 1 ~ 2 m,黏土层钻进 0.5 ~ 1 m 时即将发生进度放慢的现象。此时,应随即提出抽筒,改用钻头扩孔至抽筒的进尺处,再改用抽筒钻进如前,并使用钻头扩孔,如此周而复始地操作直到终孔。

(三)钻进方法的优缺点

抽筒与钻头相结合的钻进方法的优点是效率较单纯用钻头高30% ~ 50%,同时较单独用抽筒安全;缺点是两套钻具连续替换,比较费时费力。

四、使用钻头钻进基岩

(一)应用范围

在较坚硬以下基岩、钻井深度在 150 m 以内时,适用冲击式钻机钻进;在岩浆岩、变质岩、砂岩地层,当含水层较弱、深度较浅、需要开凿 1 m 以上大口径取水井时,更需考虑采用冲击式钻进法。

（二）钻具

钻进基岩用的钻头，一般使用未镶焊的圆钻头，钻杆使用直径较粗的钻杆，钻具总重不宜超过规定，钻具的重心应尽量低，也就是不宜使用细长的钻具。

钻头的底刃用镍铬钢焊条或弹簧钢镶补，钻头磨损 3～5 mm 后即需补焊，一般每种规格钻头应准备 2～3 个，以便轮换使用；掏砂一般使用不镶焊的抽筒。

（三）钻进

钻进速度因口径和岩石坚硬程度不同而不同，钻进中一般使用中冲程，岩石硬度大时，更不宜使用高冲程，冲击次数 40～42 次/min。钻进中要注意钢丝绳对准孔心，发现偏离即说明可能发生孔歪，应即时修整。遇构造裂隙或边软、边硬的孔底，应用十字钻头钻进，以免发生歪孔或偏孔现象。

第六章　气动潜孔锤钻井技术

第一节　气动潜孔锤钻进工艺

　　气动潜孔锤钻进是一种冲击回转钻进方法,它以钻头冲击碎岩为主,通过不断回转来改变钻头方位以提高碎岩效率。常用的气动潜孔锤钻进是以转盘或动力头驱动钻杆和潜孔锤回转,并以高压、大风量的压缩空气驱动潜孔锤的活塞,以高频率冲击钻头破碎岩石,通过钻头排出的压缩空气将岩屑带出井外。在气动潜孔锤钻进中,压缩空气既作为循环介质来吹洗钻井、冷却钻头,将岩屑从井底带起并排出井外,亦为潜孔锤提供动力。这种钻进方法钻进效率高,钻进坚硬岩层效果更为显著,又不受供水条件限制,非常适应水井施工发展方向。

　　根据冲洗介质循环方式的不同,气动潜孔锤钻进又分为正循环钻进和反循环钻进两种方法,如图 6-1、图 6-2 所示。正循环钻进时压缩空气经钻杆内孔通道传输给潜孔锤,驱动潜孔锤做功,再经钻头排气孔冲洗井底,挟带岩屑沿井壁与钻杆之间的环状间隙上返至地表,完成正循环钻进过程。反循环钻进时压缩空气从气水龙头送入到双壁主动钻杆,经由双壁钻杆环状间隙进入反循环气动潜孔锤,然后从钻头底部进入钻杆内管中空通道返回地表,完成反循环钻进过程。由于在锤头上部设有导流罩,迫使气流和岩屑能顺利进入内管中心通道,从而实现反循环钻进。

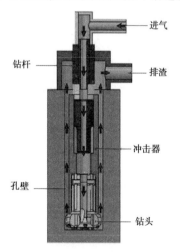

图 6-1　气动潜孔锤正循环钻进

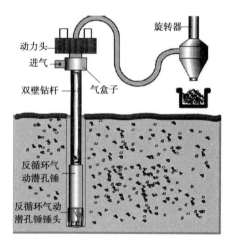

图 6-2　气动潜孔锤反循环钻进

　　施工气动潜孔锤钻进需配备较大风量和风压的空压机、气动冲击器(潜孔锤)、潜孔锤钻头等,空气钻进是以压缩空气作为循环介质来吹洗钻孔、冷却钻头,将岩屑从孔底带起并排出孔外的钻进方法。空气钻进可以采用正循环钻进,也可以采用反循环钻进。对于干旱缺水地区、永冻层、钻孔多层漏失而供水困难的地区,采用空气钻进可以提高钻进效率,降低成本,缩短施工周期。根据向压缩空气中加注的物质不同,可分为干空气钻进、泡沫钻进等。

第二节　气动潜孔锤钻机

一、转盘钻机配套改造主要构成

可采用气动潜孔锤钻进工艺作业的设备称为气动潜孔锤钻机,一般机械化程度较高以及可无级变速的转盘钻机经适当配套改造,能够满足潜孔锤钻进较低偏转速度技术要求,即可进行气动潜孔锤钻进施工。

(一)气动潜孔锤正循环钻进主要构成

目前,多数水井施工仍以转盘钻机为主,如采用气动潜孔锤正循环钻进,可在转盘钻机的基础上进行配套改造,主要配套设备为空压机,辅助配套设备为注油器和泡沫泵,常用钻具配套构成为:

(1)转盘钻机。水龙头 + 主动钻杆 + 单壁钻杆 + 钻铤 + 潜孔冲击器 + 锤头。

(2)全液压动力头钻机。动力头 + 单壁钻杆 + 钻铤 + 潜孔冲击器 + 锤头。

在气动潜孔锤钻进时,需通过注油器向空气流中注入一定量的机油以润滑潜孔冲击器;通过泡沫泵向空气流中注入一定量的发泡剂,使洗井介质在循环中产生大量的稳定泡沫,对解决钻进过程中的排屑、扑尘、降低水柱压力、增浮等都有良好的作用。气动潜孔锤注油器、泡沫泵外形如图6-3、图6-4 所示。

图6-3　气动潜孔锤注油器

图6-4　PMB - 50 型泡沫泵

(二)气动潜孔锤反循环钻进主要构成

目前,市场上的新型高效钻进反循环气动潜孔锤,可在转盘钻机以及全液压动力头钻机上匹配,主要配套设备为空压机,以及辅助配套设备注油器,常用钻具配套构成为:

(1)转盘钻机。气水龙头 + 双壁主动钻杆 + 双壁钻杆 + 双壁钻铤 + 贯通式潜孔冲击器 + 锤头。

(2)动力头钻机。动力头 + 气盒子 + 双壁钻杆 + 双壁钻铤 + 贯通式潜孔冲击器 + 锤头。

二、气动潜孔锤钻机主要厂家

气动潜孔锤水井钻机生产厂家主要有张家口市宣化正远钻采机械有限公司、山东蒙阴聚龙液压机械有限公司、山东滨州市锻压机械厂、张家口市金科钻孔机械有限公司等。

张家口市宣化正远钻采机械有限公司地处北方重工业基地张家口市宣化区,张家口是中国钻机集散地,中国钻机之乡,机械加工业资源丰厚。张家口市宣化正远钻采机械有限公司以技术自主研发见长,生产不同系列和规格的顶驱式多功能液压水井钻机及探矿钻机,产品有水井钻机、工程钻机、矿山潜孔钻机、贯通式空气反循环钻机、绳索取芯钻机、非开挖钻机,以及各类钻机的配套钻具、钻杆。其水井钻机以顶驱式多功能液压钻机为主,可采用多种钻进工艺,如图 6-5、图 6-6 所示。钻井能力从浅到深涵盖各种需求,钻机型号与主要技术参数见表 6-1。

图 6-5　正远车装多功能水井钻机　　　　图 6-6　正远履带式多功能水井钻机

表 6-1　气动潜孔锤钻机型号与主要技术参数

钻机型号	钻井深度（m）	钻井直径（mm）	工作风压（MPa）	耗气量（m³/min）	轴压力（t）	提升力（t）	钻进方式	组装形式
SL400B	240	110～305	1.2～2.5	16～54	4.5	12	全液压多工艺	履带式
SL500B	380	130～350	1.0～3.5	16～76	6	20	全液压多工艺	履带式
SC500B	380	110～305	1.2～2.5	16～54	6	20	全液压多工艺	车装式
SL800A	700	140～450	1.2～6.5	20～100	6	32	全液压多工艺	履带式

第三节　潜孔冲击器和钻头

一、潜孔冲击器的结构与工作原理

潜孔冲击器是气动潜孔锤钻进中的关键组成部分,用于给钻头提供轴向往复碎岩冲击力,以便冷却钻头和挟带岩屑等,同时也是井底动力钻具的动力液,结构如图6-7所示,主要由后接头、外套管、逆止阀、调气塞、汽缸、配气座、活塞、导向套、碟形弹簧、卡环、弹簧、保持环、胶圈、前接头等组成。

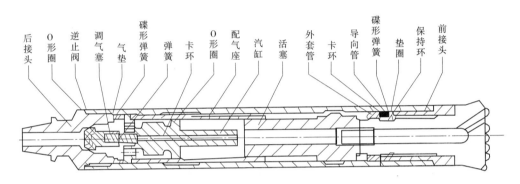

后接头　O形圈　逆止阀　调气塞　气垫　碟形弹簧　卡环　O形圈　配气座　汽缸　活塞　外套管　卡环　导向管　碟形弹簧　垫圈　保持环　前接头

图 6-7　气动潜孔冲击器结构示意图

冲击器的工作原理是:依靠高压气体往复推动活塞高速向下运动冲击钻头破碎岩石。首先,高压气体通过后接头的中心孔推开逆止阀以后分为两路,一路通过调气塞进入配气座中心孔,再沿汽缸内孔、活塞内孔、钻头内孔到达钻孔孔底,实现吹渣,使岩渣排出孔外;另一路即高压气体的主要部分通过配气座的轴向孔、汽缸的进气孔进入外套管与汽缸之间的间隙。为了通气,外套管内侧设计有通气用的环形槽,汽缸外圆铣有通气用槽,内孔铣有偏心槽,活塞外圆铣有通气用U形槽。高压气体通过这些通气道进入前部由活塞、导向套、钻头、外套管等共同形成的回程气室,再由回程气室内的高压气体推动活塞向后运动(后接头一端为后,前接头一端为前)。当活塞运动到大端内孔与钻头上的钎尾管脱离时,高压气体通过钎尾管、钻头中心孔到达孔底,与从调气塞过来的高压气体汇合,共同完成吹渣作用。此时,气体压力迅速下降,而与此同时,由于活塞回程运动关闭了回程进气通道,活塞靠惯性力继续回程运动,直到活塞的惯性力与活塞进气压力形成的冲程力平衡时,活塞才停止返程运动,在冲程压力作用下进行冲程运动打击钻头而做功,完成破岩工作。当冲程运动快要接近钻头时,则回程进气通道打开,又开始活塞的回程准备工作,如此往复,完成冲击器的钻进工作。

当活塞回程进气通道被活塞的返程运动关闭时,高压气流通过后接头的中心孔推开逆止阀,再经过配气座轴向孔、汽缸径向孔进入由外套管、活塞、汽缸共同形成的冲程气室。由于高压气流的作用,在活塞大端直径与小端直径形成的环形面积差上产生一个力,是冲程力的一部分,但这个力不大,所以造成活塞返程时能够靠惯性力来克服这一冲程力而运动一段距离。在活塞运动到活塞小端中心孔与配气座右端端面封住时,这时活塞小端面、配气座与汽缸内孔共同形成了第二个冲程气室。由于活塞的惯性使冲程气室内气体受到压缩,则室内压力上升;活塞继续回程运动,当活塞小头右端面超过汽缸内孔偏心槽时,高压气体通过活塞小头细径与汽缸内径,以及汽缸偏心槽的间隙进入第二个冲程气室,这时冲程压力才达到最大。它由三部分组成:一是活塞大径小径差形成的环形面积;二是活塞小端面积减去活塞内孔面积得到的差;三是压缩气体膨胀做功。当钻机停止钻进时,井底往往存有岩渣、泥水混合物等,为使孔底清洁,则需要强吹风以便排渣,即冲击器停止工作,全部气体用来吹渣、排渣。高气压潜孔冲击器一般设计有强吹风系统,此时应提起冲击器,随着钻头向前运动,活塞跟着钻头向前运动,直到活塞小端移动到使汽缸最上端的孔(吹渣孔)露出。这时进气气压通过吹渣孔进入活塞中心孔,再沿着中心孔进入孔底。同时,冲击器循环系统运动通道被封闭,所有高压气体都用于排渣,达到使孔底清洁的目的。若继续钻进,只需操纵钻机进给系统,使钻头向下运动顶住岩石,就能继续冲击破岩工作。

二、潜孔冲击器的分类

气动潜孔冲击器按工作压力划分,可分为低风压潜孔冲击器、中风压潜孔冲击器和高风压潜孔冲击器;按循环方式划分,又分为正循环气动潜孔冲击器和反循环气动潜孔冲击器。低风压潜孔冲击器的工作压力一般低于 0.1 MPa,中风压潜孔冲击器的工作压力一般低于 0.2 MPa,高风压潜孔冲击器的工作压力一般为 0.2~0.5 MPa。

三、水井施工常用潜孔冲击器

宣化苏普曼钻潜机械有限公司是专业研发和生产矿山、石油、水电、交通、地热钻井系列高、中、低风压潜孔冲击器和钻头,系列对心扩孔、偏心扩孔、跟管钻进产品,系列顶锤式、冲击凿岩钻头等钻具的技术型生产企业。该公司生产的 SPM 系列高、中、低风压贯通式反循环潜孔冲击器,具有钻进效率高、故障率低、使用寿命长等优点。其水井施工常用潜孔冲击器如图 6-8、图 6-9 所示,潜孔冲击器主要型号与技术参数分别见表 6-2、表 6-3。

图 6-8　SPM 系列正循环潜孔冲击器

图 6-9　SPMF 系列反循环潜孔冲击器

表 6-2　正循环潜孔冲击器主要型号与技术参数

型号	钻井直径（mm）	长度（mm）	外径（mm）	工作气压（MPa）	耗气量（m³/min）	钻杆连接方式	钎头连接方式	钻头钎柄
SPM360	152～305	1 450	136	0.8～2.1	8.5～25	外 API3－1/2	φ99.5－8	SPM360－152－305
SPM380	203～350	1 551	181	0.8～2.1	12～31	外 API4－1/2	φ128－10	SPM380－203－350
SPM3120	302～508	1 934	275	0.8～2.1	14～45	外 API6－5/8	φ184－8	SPM3120－302－508

表 6-3　反循环潜孔冲击器主要型号与技术参数

型号	钻井直径（mm）	长度（mm）	外径（mm）	中心孔直径（mm）	工作气压（MPa）	耗气量（m³/min）	钻杆连接方式	可配钻头杆柄
SPMF385	200～254	1 578	190	61	0.8～2.1	12～31	内 API4－1/2	SPMF385－203－254
SPMF3105	254～311	1 440	250	75	0.8～2.4	15～34	内 API4－1/2	SPM3105－254－305
SPMF3125	311～360	1 430	270	85	0.8～2.4	20～38	内 API4－1/2	SPM3125－311－381

四、水井施工常用潜孔钻头

（一）正循环潜孔钻头

宣化苏普曼钻潜机械有限公司生产有与 SPM 系列高、中、低风压正循环潜孔冲击器配套的系列潜孔钻头产品,常用潜孔钻头如图 6-10 所示,主要型号与技术参数见表 6-4。

（二）贯通式反循环潜孔钻头

宣化苏普曼钻潜机械有限公司生产有与 SPMF 系列高、中、低风压贯通式反循环潜孔冲击器配套的系列潜孔钻头产品,常用的潜孔钻头如图 6-11 所示,主要型号与技术参数见表 6-5。

图 6-10　SPM 系列正循环潜孔钻头

表 6-4　正循环潜孔钻头主要型号与技术参数

型号	排气孔数量	直径（mm）	单重（kg）	边齿	中齿	配用冲击器
SPM360 – 152	2	152 ~ 155	25	$8 \times \phi16$	$11 \times \phi14$	
SPM360 – 178	2	178 ~ 183	28.6	$8 \times \phi16$	$11 \times \phi16$	
SPM360 – 203	3	203 ~ 206	32	$9 \times \phi16$	$13 \times \phi16$	SPM360
SPM360 – 254	3	254 ~ 257	43	$12 \times \phi16$	$16 \times \phi16$	
SPM360 – 305	3	305 ~ 308	57	$14 \times \phi18$	$26 \times \phi16$	
SPM380 – 216	3	216 ~ 219	50	$9 \times \phi18$	$13 \times \phi16$	
SPM380 – 254	3	254 ~ 257	58	$9 \times \phi18$	$16 \times \phi16$	SPM380
SPM380 – 350	4	350 ~ 353	80	$16 \times \phi18$	$36 \times \phi16$	
SPM3120 – 302	3	302 ~ 305	176	$15 \times \phi19$	$23 \times \phi19$	
SPM3120 – 357	3	357 ~ 360	196	$15 \times \phi19$	$34 \times \phi19$	SPM3120
SPM3120 – 508	3	508 ~ 511	311	$24 \times \phi19$	$74 \times \phi19$	

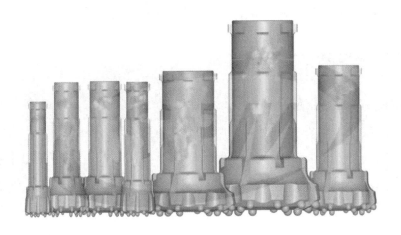

图 6-11　SPMF 系列贯通式反循环潜孔钻头

表 6-5　贯通式反循环潜孔钻头主要型号与技术参数

型号	排气孔数量	直径(mm)	边齿	中齿	配用冲击器
SPMF385 – 203	3	203 ~ 206	$12 \times \phi16$	$13 \times \phi14$	SPMF385
SPMF385 – 216	3	216 ~ 219	$10 \times \phi16$	$13 \times \phi16$	
SPMF3105 – 254	2	254 ~ 257	$10 \times \phi18$	$14 \times \phi16$	SPMF3105
SPMF3105 – 273	2	273 ~ 276	$10 \times \phi18$	$16 \times \phi16$	
SPMF3105 – 305	2	305 ~ 308	$10 \times \phi18$	$20 \times \phi16$	
SPMF3125 – 311	2	311 ~ 314	$10 \times \phi18$	$20 \times \phi16$	SPMF3125
SPMF3125 – 355	2	355 ~ 358	$10 \times \phi18$	$24 \times \phi16$	
SPMF3125 – 381	2	381 ~ 384	$10 \times \phi18$	$26 \times \phi16$	

第四节　钻杆和钻具

一、钻杆柱

　　气动潜孔锤钻进用钻杆柱与其他回转钻进相比,不承受大的扭矩和高转速,钻具质量轻,实践证明钻杆有较长的寿命。对正循环钻进来说,加大钻杆外径、减小壁厚,钻杆质量增加不大,但截面系数增大了,有利于提高上返速度,又使钻杆刚度增大,对深孔钻进显得尤为重要,既提高了钻速又减少了井孔的偏差。具体钻杆柱的连接,潜孔锤上尽可能匹配钻铤为佳,但也要因地制宜,根据操作者的习惯和经验而定,一般情况下不提倡配扶正器。

　　但对反循环气动潜孔锤而言,钻杆柱连接比较简单,小直径钻孔均为外平式双壁钻杆,如图 6-12 所示;大直径钻井为常规式双壁钻杆,如图 6-13 所示,内外管均采用特殊结构设计加工,同气举反循环钻进用双壁钻杆有明显区别,而且地面配套与正循环气动潜孔锤都不一样。

图 6-12　89~219 mm 外平式双壁钻杆

图 6-13　114~219 mm 常规式双壁钻杆

二、气水龙头和气盒子

回转钻机采用气动潜孔锤钻进工艺施工时,对于转盘钻机一般需配套气水龙头,如图 6-14 所示,超过 1 000 m 的深井则需配套大气盒子或大吨位、大通孔气水龙头;对于动力头钻机需配套气盒子,如图 6-15 所示。

图 6-14　气水龙头

图 6-15　气盒子

大口径反循环气动潜孔锤钻孔直径大,要求岩屑上返及时,无论转盘钻机还是动力头钻机,均要求岩屑上返通道直径尽量大,另外配套的钻杆、钻铤等大直径钻具,整个钻杆柱质量大,要求钻机的提升能力大,因此配套的水龙头、气盒子承受的提升力也要大。而且反循环气动潜孔锤钻进和气举反循环钻进用的双壁钻杆结构性能有明显的区别。反循环钻进过程中岩屑上返速度快,一般钻孔内水量小或者无水,对双壁钻具内管无有效润滑,岩屑对双壁钻杆内管磨损严重,需匹配特殊结构双壁钻杆。而气举反循环钻进气、液、固三相流上返速度慢,对双壁钻杆内管磨损小,配套加工有明显的区别。

三、孔口旋转密封导流装置

采用如图 6-16 所示的气动潜孔锤钻进孔口密封装置,可有效避免施工现场环境污染,消除井口粉尘,从而防止施工人员吸尘危害健康,并能在施工过程中形成井口集中排岩粉,实现了施工现场定点堆放岩粉。

(a)　　　　　　　　(b)　　　　　　　　(c)

图 6-16　适用不同钻杆的井口密封装置

四、卸扣器

图 6-17　潜孔锤钻进卸扣器

在气动潜孔锤钻进中,由于地层条件、设备能力、工艺方法的不同,经常会出现气动潜孔锤不工作、潜孔锤锤头磨削严重等问题,这时就需要将气动潜孔锤提出钻孔,进行气动潜孔锤的维修或更换。在维修或更换潜孔锤时,常常会出现拧卸扣特别困难的情形,目前现场施工多采取土办法,或利用氧气烤,或采用大锤砸等不规范的拧卸方法,常易导致冲击器内部零部件损坏、本体变形等损毁情况,严重影响了气动潜孔锤的使用寿命。为此,国外钻机都配备有先进的拧卸装置,石油钻机也配有先进的液压大钳,这不仅能够解决卸扣困难,而且能够保护潜孔锤,提高使用寿命,降低劳动强度,缩短辅助时间。鉴于这种情况,中国地质科学院勘探技术研究所专门研发了一套能适应不同规格潜孔锤和牙轮钻头的卸扣器,如图 6-17 所示,且性能可靠、成本低廉,能较好地满足施工生产实际需求。

五、浮阀接头

浮阀接头如图 6-18 所示,这是近年来根据正循环气动潜孔锤用户的需求,由厂家特意设计的。主要用于防止井内岩屑倒流,减少对冲击器的堵塞,以及防止井喷,尤其在深井钻进时连接在钻具不同位置可有效地缩短送气时间,提高钻效,降低

图 6-18　浮阀接头

施工成本。很好地解决了原来用户采用石油浮阀存在的一系列问题。

第五节　空气压缩机

空气压缩机(简称空压机)是气动潜孔锤钻进做功的主要动力源,要求空压机必须具有连续工作能力,能够满足野外施工作业要求,且须设备维修、保养简单。对于大口径水井、深层地热井来说,特别是富水含水层有较大背压的情况下,如果要求输出的空气压力超过了空气压缩机的额定值,还需使用增压机。在单台空气压缩机不能满足其需求时,还要根据井径、井内水位等情况,配备多台空气压缩机和增压机,以机组形式通过空气管路并联使用,如图 6-19 所示。

目前,水井施工常用空气压缩机有美国寿力、无锡阿特拉斯·科普柯、上海复盛埃尔曼、蚌埠环宇等产品供选择,均为螺杆式空气压缩机。美国寿力空气压缩机典型产品如图 6-20 所示,主要技术参数见表 6-6。

图 6-19　空气管路现场布置

图 6-20　1200XXH 型空压机外形

表 6-6　移动式空压机主要型号与技术参数

型号	额定排气压（MPa）	排气量（m³/min）	柴油机型号	柴油机功率（kW(HP)）
825RH	1.72	23.4	康明斯 M11 – C330	246(330)
900XH	24.1	25.5	康明斯 QSM – 11 – C330	280(375)
980XH	24.1	27.8	卡特彼勒 C – 13	328(440)
900XH	24.1	25.5	康明斯 QSM – 11 – C330	280(375)
900XH	24.1	25.5	康明斯 QSM – 11 – C330	280(375)

第六节　气动潜孔锤钻进技术的运用

一、风量、风速和风压的确定

潜孔锤钻进时风量的确定,一方面要根据所用冲击器的性能而定,另一方面则要满足钻进所需的上返风速。因为岩屑在气流介质中因自身的黏度、密度和形状的不同而具有不同的悬浮速度,为使岩屑有效地排出井外,达到井底干净,就必须采用大于岩屑悬浮速度的上返风速才行,这也是潜孔锤钻进时的重要参数之一。除反循环气动潜孔锤钻进不受井径的限制外,正循环钻进风量在钻杆与井壁环状间隙中的上返流速,不少资料推荐值为 15~30 m/s。在钻杆直径与钻头直径相差较大时,潜孔锤在低气压下运转,常因气量不足,不能产生足够的气流速度,致使岩屑不能及时排出井外而堆积在井底,这也最容易出现埋钻,引发井内事故。

由此可见,在进行大口径潜孔锤钻进时,钻井直径和所用钻杆直径的级差比较大时,就出现了潜孔锤供风量不能满足排渣所需风量的矛盾,所以挟带孔底岩屑钻杆直径与井壁之间的环状间隙就显得尤为重要。采用潜孔锤正循环钻进时,供风量的选择与确定标准,主要是保证特定流通环空的上返风速,可依下式推算:

$$V = 21\,220.66Q/(D^2 - d^2) \tag{6-1}$$

式中:V 为上返风速,m/s;Q 为供风量,m³/min;D 为钻孔直径,mm;d 为钻杆直径,mm。

正确选择好风量、风速和风压的技术关键在于如何掌握好以下三种关系:

(1)空气能量和循环阻力的关系。

(2)上返速度和清孔效果的关系。

(3)介质密度和钻井条件的关系。

在解决好上述关系的同时,还要采取相应的技术措施,如增加供风量和供风压力;减小环流断面;有条件时可选择反循环气动潜孔锤钻进;合理选用冲击器型号;调整介质密度,采用气液两相介质循环,如采用泡沫剂、雾化以及其他充气介质等。通常的规律是在相同条件下,风压愈高钻速愈快,但随井深的增加压力也增大,如井深150 m 时需消耗风压1.4 MPa,井深200 m 时需消耗风压1.7 MPa。此外,采用空气泡沫钻进消耗风压比纯空气增大约0.18 MPa,如井深200 m 时用空气泡沫的冲孔风压为2.21 MPa,而纯空气仅为1.7 MPa,不同的冲孔方法对配备空压机能力要求也不同。另外,在富水情况下钻进,背压对潜孔锤风压每深10 m 要增加0.1 MPa。

二、钻压的确定

从潜孔锤钻进的冲击碎岩原理分析,它主要靠冲击动载作用破碎岩石,钻进效率的高低,主要取决于冲击功的大小和冲击频率的快慢,钻压只是保证冲击功充分发挥作用的辅助力,过大或过小都会影响钻进正常进行。过大,则会引起钻具的振动、钻头过早的磨损以及合金齿脱落,增加回转难度;过小,则会影响冲击功的有效传递。因此,只需给潜孔冲击器提供适中的钻压即可,一般为900~3 000 kg,而不必采用重型钻杆。

通常以石灰岩代表中硬岩层,花岗岩、玄武岩代表坚硬岩层,而以单位时间内进尺数来衡量气动潜孔锤的钻进效率,则推荐选用的钻压范围如表6-7所示,如果井内钻柱超出表中所列范围,就应采取减压钻进。

表6-7　气动潜孔锤钻压推荐值

气动潜孔锤直径(mm)	最低钻压(kg)	最高钻压(kg)
76	150	300
102	250	500
127	400	900
152	500	1 500
203	800	2 000
305	1 600	3 500

三、转速

潜孔锤钻进属于慢回转的一种冲击钻进方法,合理的转速选择,对钻头寿命乃至钻进成本至关重要。它主要与冲击器所产生的冲击功的大小、冲击频率的高低、钻头的形式以及所钻岩石的性质有关。在潜孔锤钻进过程中,由于破碎下来的岩屑能够及时被空气清除,钻进时无切削和剪切作用,所以无须过快的线速度。

转速太快,对钻头的寿命不利,特别对研磨性较强的岩层,将使钻头外围的刃齿很快磨损和碎裂。如转速太慢,则将使柱齿冲击时与已有冲击破碎点(凹坑)重复,导致钻速下降。在常规情况下,岩石愈坚硬或钻头直径愈大时,愈要求采用较低转速。

在某些严重裂隙性岩层中钻进,有时为防止卡钻而采用增加转速的办法,但应注意有时卡钻是因为钻头已过度磨损,而增加转速会使问题更加复杂化。对于潜孔锤钻进时的钻头最优回转速度,应以获得有效的钻速、平稳的操作和经济的钻头寿命为前提。表6-8列出了不同地层岩性钻进时的经验数据,可供施工时参考。

表6-8　潜孔锤钻进回转速度经验数值　　　　　　　　（单位:r/min）

地层岩性		钻头回转速度
松散地层	各类土层	40~60
软质岩层	中风化－全风化的坚硬岩或较硬岩、泥灰岩、泥岩、凝灰岩、千枚岩、半成岩等	30~50
较硬岩层	微风化的坚硬岩、未风化－微风化的大理岩、板岩、石灰岩、白云岩、钙质砂岩等	20~40
坚硬岩层	未风化－微风化的花岗岩、闪长岩、辉绿岩、玄武岩、安山岩、片麻岩、石英岩、石英砂岩、硅质砾岩、硅质石灰岩等	10~30

第七章　成井工艺与钻井事故预防

第一节　疏孔与换浆

一、疏孔

松散层中的井孔,终孔后应用疏孔钻具从上到下进行疏孔,疏孔钻具的直径应与施工井径相适应,长度一般不小于 8 m,通孔过程中要适当开泵,上下提拉钻具,遇阻时要求扫孔至顺利为止,达到上下畅通。

松散层中泥浆护壁的井孔,应采用适当方法进行破壁,常用方法是在钻头上打孔穿上 $\phi18 \sim \phi22$ 钢丝绳头,使钻头连同钢丝绳外径比井径大 20～30 mm,然后进行扫孔,破除附着在含水层井壁上的泥皮。

二、换浆

在松散层中钻井结束后,一般可进行三次换浆,分别于三个不同的时段进行,以达到相应的技术目的。

第一次冲孔换浆应用于测井前,用适量泥浆替换出井内钻屑,排净井底沉淀物,保证测井探头顺利下至井底,以便于完成测井任务。

第二次冲孔换浆应用于破壁后,应及时向井孔内送入稀泥浆,使井孔内泥浆逐渐由稠变稀,不得突变。应换至出孔泥浆与入孔泥浆性能基本一致,泥浆密度小于 1.1 时为止。

第三次冲孔换浆应用于下入井管与填砾后,可结合抽水洗井工作,采用下泵抽水的方法,及时将井孔内的泥浆置换排出,进一步疏通井壁,直至水清砂净。

第二节　井管安装

一、井管受力分析

井管下入井中之后要受到多种力的作用,一般情况下可分为井管的轴向拉力、外侧压力及内压力。

(一)轴向拉力

井管的轴向拉力主要由本身的自重产生,但在某些条件下还应考虑其他附加拉力。

(二)外侧压力

井管所受的外侧压力主要来自管外的液柱压力、地层中的水体压力、井壁地层的侧向压力等。

（三）内压力

井管所受的内压力有地层水体进入井管产生的压力，以及酸化、注水、压裂时的各种外来压力。

二、井管质量选择

井管质量选择主要考虑井管的轴向拉力、外侧压力以及水中矿物质含量对井管的腐蚀因素等，主要应考虑以下原则：

（1）满足下管时的抗拉、抗压、抗挤要求。

（2）对地下水不产生污染。

（3）具有抗老化、抗腐蚀的作用。

（4）使用寿命长。

三、井管结构

管井的井管结构选择应力求安全、简单、实用，一般可分为如下结构类型。

（一）基岩管井的结构类型

（1）岩石稳定时，井管结构从下到上为：基岩裸眼段—土层井壁管。

（2）岩石局部不稳定时，井管结构从下到上为：基岩裸眼段—局部井壁管或过滤管—土层井壁管。

（3）岩石整体不稳定时，井管结构从下到上为：沉淀管—井壁管或过滤管—土层井壁管。

（二）松散层管井的结构类型

松散地层中的管井，全井段均应下入井管，还应考虑泵室段的位置，井管结构从下到上为：沉淀管—井壁管与过滤管—井壁管（泵室管）—井壁管与过滤管—上部井壁管。

泵室段的位置及长度，应根据实际地层情况、水位埋深、出水量以及动水位降深确定，并应留有一定余地。

四、下管方法与井管对接

（一）下管方法

下置井管时，井管必须直立于井口中心，上端口应保持水平，过滤器安装位置应准确，沉淀管应封底，基岩管井的井管应坐落在稳定岩层的变径井台之上。为了防止管轴线偏离井眼中心，一般每隔20～30 m安装扶正器一组。

下管方法应根据管材强度、下置深度和钻机起重能力等因素确定，常用方法有直接提吊下管法、浮板下管法、钻杆托盘下管法和多级下管法。

（1）直接提吊下管法。一般采用穿丁起吊或铁夹板的办法逐根提吊安装，多适用于钢制井管。

（2）浮板下管法。采用抗压强度较大且具有一定厚度的材料安放于井管一定位置，使其上部产生的浮力大于或等于上部井管的重力，可有效减轻钻机负荷，适用于较深水井。

（3）钻杆托盘下管法。采用回转钻杆以反扣与托盘连接,由托盘承托全部井管重力,多适用于混凝土井管。

（4）多级下管法。一般适用于结构复杂和下置深度过大的井管。

（二）井管对接

井管对接形式一般有管箍丝扣连接、管口对焊连接、螺栓连接以及竹篾绑扎连接等,不论采用哪种对接形式,井管入井前及入井过程中,必须有可靠的挟持器械,以确保井管顺利安全入井。

管箍丝扣连接、管口对焊连接和螺栓连接适用于钢制井管、铸铁井管,竹篾绑扎连接适用于混凝土井管。

第三节　过滤器选择

一、过滤器类型

过滤器位于水井的含水层段,起滤水、挡砂和护壁的作用,由过滤管、滤料以及包扎物等构成,而过滤管又是井管的最为重要的组成部分,主要用在松散层中的水井,以及基岩井中不稳定的井段。过滤器的正确选择,对提高出水量、延长水井使用寿命、降低出水含砂量,都有着非常重要的意义。过滤器的材质、结构类型及适用条件见表7-1。

表 7-1　过滤器的材质、结构类型及适用条件

过滤器结构类型		适用含水层岩性	适用管材
填砾过滤器	穿孔过滤器 缠丝过滤器 无砂混凝土过滤器 竹笼过滤器 桥式过滤器	各种岩性	钢管、铸铁管、钢筋混凝土管、塑料管、混凝土管、无砂混凝土管
非填砾过滤器	穿孔过滤器	砾石、卵石	钢管、铸铁管、钢筋混凝土管、塑料管
	缠丝过滤器	粗砂、砾石、卵石	

在水井施工中,大多采用填砾过滤器,结构类型主要有穿孔过滤器、缠丝过滤器、无砂混凝土过滤器和桥式过滤器。

二、穿孔过滤器

穿孔过滤器的过滤管一般为钢管、铸铁管、钢筋混凝土管、塑料管、混凝土管加工或预制成的圆孔或条孔穿孔管。各种管材适宜深度和开孔率见表7-2,开孔率为井管开孔面积与相应的井管表面积的比值,无砂混凝土管为体积孔隙率,即孔隙体积与相应的井管体积的比值。穿孔管外应垫筋、包网、填砾,网眼尺寸应等于或略小于滤料粒径的下限。

表 7-2　各种管材适宜深度和开孔率

管材	钢管	铸铁管	钢筋混凝土管	塑料管	混凝土管	无砂混凝土管
适宜深度(m)	>400	200～400	150～200	≤150	≤100	≤100
开孔率(%)	25～30	20～25	≥15	≥12	≥12	渗透系数≥400 m/d
						渗透系数≥15%

三、缠丝过滤器

缠丝过滤器的过滤管一般为钢管、铸铁管、钢筋混凝土管加工或预制成的圆孔或条孔穿孔管,也可用钢筋骨架管,各种管材的适宜深度和开孔率同样按表 7-2 确定。穿孔管外应垫筋、缠丝、填砾,缠丝间距应等于或略小于滤料粒径的下限,最大间距应小于 5 mm。

四、无砂混凝土过滤器

无砂混凝土过滤器的过滤管为无砂混凝土管,管间黏接后外部再用 8 根竹片、镀锌铁丝捆扎以增加整体性,过滤管周围填砾。

五、桥式过滤器

桥式过滤器的滤水管由钢板冲压焊接而成,壁外呈桥状,立缝为进水孔眼,立缝宽度应等于或略小于滤料粒径的下限,一般可不包滤网,多用于工业与生活供水、粗颗粒含水层的管井。常用产品规格及孔隙率分别见表 7-3、表 7-4,产品外观如图 7-1 所示。

表 7-3　桥式滤水管常用产品规格

规格(mm)	壁厚(mm)			接箍外径(mm)
	4	6	8	
D159	√	√		D159
D168	√	√		D168
D219	√	√		D219
D273	√	√		D273
D325		√	√	D325
D426		√	√	D426

表 7-4　桥式滤水管孔隙率

壁厚(mm)	4				6				8			
缝隙(mm)	1	1.5	2	3	1	1.5	2	3	1	1.5	2	3
孔隙率(%)	8.8	13.9	18.8	30.4	6.3	9.5	12.7	20	5.6	8.6	11.4	16.9

图 7-1　桥式滤水管

第四节　填砾与止水

一、填砾

（一）砾料的选择

对于松散层中的管井,正确地选择砾料(滤料)是成井工艺的重要步骤,主要包括砾料直径、砾料均匀度和质量三个方面。砾料直径一般采用过筛颗粒累计质量占总质量 50% 的筛孔直径,表示该砾料的直径,记作 D_{50};含水层也用同样的方法表示,记作 d_{50}。在一般情形下,砾料直径可按下式确定:

$$D_{50} = (8 \sim 10)d_{50} \tag{7-1}$$

砾料的均匀度主要涉及用一种规格的砾料还是多种规格的砾料,即采用混合填砾还是均匀填砾。对于细砂、粗砂地层,采用均匀填砾为好;对于粉砂、细粉砂地层,最好采用混合填砾。砾料均匀度的选择要结合本地含水层特性来确定。

砾料应选择磨圆度好的硅质砂,在有条件的地区,一般应选用天然的石英砂,石英含量要达到 80% 以上。

（二）填砾厚度

在松散地层的水井,过滤器是防止管井涌砂的重要装置,而砾料更是发挥着尤其关键的作用。在砾料直径合理确定后,则砾料厚度对于降低出水含砂量具有重要作用。对于中粗砂含水层,填砾厚度需大于 150 mm;对于粉、细砂含水层,填砾厚度需大于 200 mm。砾料上部应高于过滤管上端,具体数量应根据含水层厚度、埋藏位置和回填砾料下移高度等因素确定。底部应低于过滤管下端 2 m 以上。

以山东黄泛冲积平原为例,含水层岩性以粉砂、细砂以及中粗砂为主,管井深度以浅井居多,以往出水含砂量通常偏高。后经改进成井工艺,砾料选用直径 1 ~ 3 mm 的石英砂,填砾厚度 250 mm,穿孔滤管采用 40 目尼龙网包扎 2 层,有效减少了管井含砂量。

（三）填砾方法

1. 动水填砾

动水填砾是指钻具座下到井底,泥浆泵向孔内送入稀泥浆,然后从管外循环到井口。同时,把砾料从井口周围均匀填入,一般填入速度为 3 ~ 6 m³/h。在填砾过程中要注意返水量、泵压及冲洗液黏度变化,当砾料超过最上部滤水管时,压力将达到最大值。

2. 静水填砾

在泥浆循环稀释达到要求时,则停止泥浆泵,从井管外投入砾料,这种填砾方法主要用于浅井。

二、止水

砾料顶部至井口段,采用黏土球或黏土块封闭 3 ~ 5 m,剩余部分可用黏土填实。井口周围,浅井可用一般黏土夯实,厚度不小于 200 mm;中、深井可用黏土球或水泥浆封闭,厚度一般不小于 300 mm。

对于不良含水层或非计划开采段,一般采用黏土球封闭。如水压较大或要求较高,可用水泥浆或水泥砂浆封闭。封闭位置一般应超过拟封闭含水层上、下各不少于 5 m。

自流井应根据水头大小确定封闭深度,并应增设闸阀控制水流,同时在井口周围浇筑一层厚度不小于 250 mm、直径不小于 1 000 mm 的混凝土。

第五节　钻井事故预防及处理方法

一、常见钻井事故类型

钻井施工是一项隐蔽的地下工程,存在着大量的模糊性、随机性和不确定性,是一项具有风险的作业。从钻井事故发生的原因来看,可分为人为事故与自然事故两大类。从水井事故特点来看,主要可归纳为多种,即钻具折断脱落事故、卡夹钻事故、埋钻事故、烧钻事故、套管事故、工具掉入事故、地层事故、测井事故、封井事故、井斜事故、漏水事故等。

所谓人为事故,是指事故发生的主要原因在于有关人员没有严格按规程操作,没有执行好具体的技术措施;或对井内情况缺乏认真的观察和了解,在出现事故征兆后又未能及时察觉和处理;或所选用的钻进方法、技术参数不当以及操作不熟练等,造成如钻具折断、烧钻、岩粉埋钻、钢粒夹钻、钻具脱落、岩芯脱落、跑钻、掉入工具等事故。

所谓自然事故,是指由于地质条件复杂,施工中未能完全有效地控制住而引发的各种井内事故。地质条件的变化有一定的规律性,需要有一个逐步认识和掌握的过程。当地层情况较为复杂,采取的措施又不能奏效时,事故则不可避免。如岩层倾角过大,节理、岩溶裂隙发育,以及厚度较大的流砂、砾石层等严重破碎地层造成的涌水、漏水、掉块、坍孔等事故,由此而引起的夹钻、埋钻等事故,大多属于自然事故。

人为事故与自然事故既有区别又有联系,绝大多数的钻井事故都与人的主观因素有关。当地层情况复杂时,因操作不当引起的人为事故,往往会变得更加复杂而难以处理。相反,若严格按规程作业,对地层变化有一定的预判,并制定相应预案,积极采取预防措施,就可以减少或避免井内事故。因此,为避免水井施工中的各种钻井事故,相关技术人员与机台操作人员的主观能动性发挥着主导作用。

二、钻井事故的预防

无论是人为事故还是自然事故,只要思想重视、讲究科学,严格操作规程,采取有效的预防措施,防患于未然,总是可以避免或减少的。

(1)贯彻以预防为主的方针,从钻井一开口就抓起。在开口前,应根据地层情况认真分析钻进中可能遇到的问题,预先设计合理的井身结构、钻进方法和护壁堵漏等各项技术措施。

(2)加强机台生产技术管理,建立健全岗位责任制度、交接班制度、安全检查制度、设备维护保养制度。在钻井施工过程中,必须认真、全面、谨慎地掌握钻进情况、设备情况、地层情况,对地层的变化情况以及影响要有一定的预判,及时采取防护措施。

(3)认真检查设备与钻具的工作性能和磨损情况,如发现隐患与磨损过度的情况,应及时更换或修理,千万不可有侥幸过关心理。

(4)在复杂地层中钻进或深井施工时,应制订专门的安全施工技术措施,发现异常情况要及时研究解决,决不能马虎凑合。

三、钻井事故的处理方法

(一)捞

"捞",是指用丝锥或捞钩将井内事故钻具套接在一起整体打捞上来。事故钻具在井内受阻不很严重,可以整体打捞上来的事故,多用此法处理。

(1)用丝锥打捞。指借助丝锥自身硬度较大的丝扣,对井内事故钻具的钻头重新套扣,并与其接合后打捞上来。

(2)用捞钩打捞。常用于外丝钻杆折断或脱落事故的处理,其方法是将捞钩下入井内,使其超过事故钻具的外接头处的深度后,慢慢转动使捞钩套住事故钻具,然后往上提升,捞钩则沿事故钻具上行到外接头处。由于捞钩内径小于外接头外径,因此捞钩钩在外接头的下方,继续提升钻具时,捞钩即可把事故钻具托挂上来。

(二)拉

"拉",是利用钻机的升降机对卡、埋事故钻具进行强行提拉,以排除事故的一种简易处理方法。发生卡、埋钻具事故后,一般先用此法处理,可在较短时间内使事故得到迅速排除。如果孔内阻力较大,用单绳提拉无效,则改换复式滑轮组,用多股钢绳提拉,以增大提升能力,争取在较短时间内把事故钻具拉上来。使用此方法的要点:一是总拉力必须在提升设备的安全负荷允许范围内;二是拉的时候要上下活动着拉,不宜死拉,否则越拉越死,导致事故恶化。

(三)震

"震",是指采用吊锤或振动器,对卡钻事故钻具进行上下冲击或震动,使挤卡物松动,以减小事故钻具被卡阻力,是解除事故的一种常用方法,尤其在浅井中效果较好。吊锤的规格有 50 kg、75 kg 和 100 kg 三种类型,规格越大,对事故钻具的冲击力就越大,处理效果也就越好。

（四）冲

"冲"，指采用加大泵量泵压，对事故钻具四周的沉积岩屑进行强力冲洗，以排除沉积岩屑或使其呈悬浮状态，从而使钻具可以活动以解除事故，多用于埋钻事故的处理。处理方法有两种：一是从事故钻具内压入泥浆，迫使其从钻具底部沿粗径钻具与井壁间的环状间隙上返，以排除沉淀的岩屑；二是从事故钻具外侧下入一套钻杆，加大泵量泵压，强力冲洗。无论发生何种事故，只要能开泵，都要保持泥浆循环，严禁停泵，以利于事故的处理。

（五）扫

"扫"，是指当事故钻具在某一井段范围内能回转或能上、下活动时，可以采用开车往上扫或往下扫的方法，将障碍物扫碎或扫动，从而解除事故。

（六）顶

"顶"，是指采用千斤顶通过卡瓦夹紧事故钻具进行强力起拔的处理方法。千斤顶起拔是一种静力作用，顶时用力不要过猛，上顶速度不宜过快，每顶起 100～200 mm 就要暂停一段时间，让作用力充分传递到事故钻具底部受阻部位，然后再顶，以防把钻杆顶断。

（七）反、割、炸

当井内事故阻力较大，需要进行分段解脱处理时，可采取以下三种不同的处理方法：

（1）"反"，是指利用反丝钻杆和反丝丝锥下入井内，对事故钻具断头进行套扣对接，而后从岩芯管异径接头处或从预计反脱位置把钻杆全部反出，然后用其他方法处理粗径钻具。由于钻杆接头在井内位置不同，越靠下部所受压力越大，就越难反脱。在钻杆柱中部某点，其所受压力和拉力正好互相平衡，称此点为中和点，此点所受压力和拉力最小，反钻杆时最容易从此处反脱。因此，在反钻杆时，可以利用中和点原理，通过计算控制压力，从钻杆预计反脱位置或下部钻杆反脱。

（2）"割"，即采用割管器，将事故钻具在预计位置上割断取出，从而对事故钻具进行分段处理。其优点是割点比较准确、可靠，能有把握地将事故钻具按计划分别割断取出，处理效果较好。

割管方法可分为管内切割法和管外切割法两种。割管器种类甚多，常用的有离心割刀、偏心割刀和水压割管器等，可根据具体情况选用。

（3）"炸"，是采用爆炸力排除井内障碍的一种特殊处理方法，可根据井内事故情况和目的要求，设计成不同的爆破器，下入井内预计位置，进行井内爆破，以达到排除事故的目的，在水井施工中应用较广。

（八）扩

当事故钻具在井内只剩粗径钻具的情况时，可采用比事故钻具大两级的岩芯管进行扩孔或扫孔，清除事故钻具四周的障碍物，把事故钻具套入岩芯管内，再用卡取岩芯的方法卡牢捞出，或用丝锥套扣捞取。在松软地层中，此方法用得较多，效果也较好；有时井内最后还剩几根钻杆因四周沉淀有障碍物反不上来时，也可以采用长岩芯管扩孔方法，把钻杆四周的沉淀物清除后，再行反脱捞出。

（九）透

在处理基岩井事故时，如果钻杆已全部反出，可采用与井内事故钻具相同的特殊钻头,将粗径钻具的异径接头磨掉,然后改用小两级的钻具在事故钻具内掏心钻进,钻进过程中钻具回转对事故钻具的敲打震击和冲洗液的冲洗作用,可将事故钻具四周的障碍物排除或松动,即可把事故钻具打捞上来。

(十)劈

井内事故钻具在只剩下粗径钻具的情况下,可以用与粗径钻具同径的密集式合金钻头,将事故钻具纵向劈开,然后用岩芯管将其套取上来。此方法多用在基岩井中,在松软地层中用扩孔的方法套不进事故钻具时,也可以用此法处理,但应防止把井扫斜。

由于水井一般口径较大,事故阻力也较大,生产实践证明,在发生事故后,如果用"拉"和"冲"的方法处理无效后,应及时采用分段解脱法处理,对松散地层可采用"扩"的方法处理,对基岩地层则采用"透"的方法处理,可以少走弯路,缩短处理时间。

第八章　洗井增水处理技术

第一节　洗井增水方法分类

洗井增水处理技术是提高成井率、增加出水量的重要措施,是成井工艺的进一步深化。洗井的目的是通过物理与化学作用,增加井眼周围含水层的渗透性,使含水层中的水能畅通地流入井中。对于基岩井而言,洗井可以彻底疏通或扩大原有裂隙,产生新裂隙、连通含水层,从而有效扩大进水通道;对于松散层井,洗井可以清除井壁四周及含水层中的堵塞物、泥皮,恢复含水层的渗透性和孔隙率,从而有效增加出水量。

洗井增水的方法较多,目前常规的洗井增水方法有盐酸洗井、多磷酸盐洗井、二氧化碳井喷洗井、物理化学联合洗井以及爆破洗井等,这些洗井增水方法都各有自己的特点和适应性。水力压裂技术起源于 20 世纪 40 年代的美国油气田开采,于 1952 年用于中国石油工业生产,现已广泛应用于石油天然气开采行业,但在地下水开采方面的应用还处于初步探索试验阶段,有待于从增水机制、技术方法、适用条件等多方面进行深入试验与研究。

以上所述各种洗井增水技术方法、适用地层条件以及方法的主要优缺点,可参见表 8-1,供在生产中合理选取。

表 8-1　洗井增水方法特点对比

洗井增水方法	适用条件	主要优缺点
盐酸洗井增水	主要适用于石灰岩地层,亦可用于以钢管护壁的松散层管井	适应性强、设备简单、投资少、效果好,增水效果明显
多磷酸盐洗井增水	主要用于泥浆钻进的松散层管井,以及滤水管有砾料结构的管井	对泥浆有较好的分解作用,对泥皮溶蚀、剥离能力强,但对含水层的疏导能力差
二氧化碳井喷洗井增水	主要适用于井壁稳定的各类管井,以及不同深度的旧井修复等	可产生直接水击,洗井效能高,节省时间
物理化学联合洗井增水(二氧化碳、盐酸)	主要适用于石灰岩地层	具备二氧化碳井喷洗井、盐酸洗井二者的特点,可取长补短,增强洗井效果,增水效果好
爆破洗井增水	适用于井壁稳定的各类基岩管井	可扩大原有裂隙,有一定疏通或产生新裂隙、连通含水层的效果,但较难操作,安全性要求高
水力压裂洗井增水	适用于弱透水或裂隙发育局部差异大的各类基岩管井	可扩大原有裂隙,有较强疏通或产生新裂隙、连通含水层的效果,适应性强,增水效果显著

洗井增水方法的选择正确与否,直接影响着管井涌水量的大小和管井寿命。在选择

洗井方法时,应充分考虑岩石类型、井孔深度、井孔结构、施工方式、岩芯状况、冲洗液类型以及钻进过程冲洗液消耗等因素。根据多年洗井增水效果分析,以及大量的生产实践总结,较为实用的洗井增水方法主要有两种:一是石灰岩地层的盐酸洗井;二是松散层中的多磷酸盐洗井。其他方法可根据实际条件合理选用。

第二节　石灰岩地层盐酸洗井增水技术

一、盐酸的特性

盐酸是一种强酸,具有酸类物质的一切通性,可与多种物质发生化学反应。在石灰岩地层,盐酸可与 $CaCO_3$、$MgCO_3$ 发生化学反应,分解成 $CaCl_2$、$MgCl_2$ 等易溶于水的物质,增水效果非常明显,应用较为广泛;在松散层管井中,盐酸可与过滤器的 Ca、Mg 氧化物进行化学反应,疏通管井过滤器,增加管井出水量。

盐酸是化工行业的一种重要原料,来源比较容易,是各地区化工厂、化肥厂及塑料制品厂的主要产品或副产品,价格低廉。目前,由于受危化物品安全运输因素的影响,在一些地区加强了运输使用管理。

二、石灰岩的分布与特点

石灰岩是地表出露最为广泛的碳酸盐岩地层,约占整个陆地总面积的15%。我国石灰岩出露面积有91万 km^2,分布面积则达340万 km^2。山东仅鲁中南地区寒武系、奥陶系碳酸盐地层出露面积就达1.7万 km^2,另有大面积为第四系土层覆盖。由于岩溶作用的影响,石灰岩地区的地表径流多被转入地下,因此在该类地区地表水缺乏,而地下水则相对富有。但由于受地质构造等因素的影响,基岩裂隙、岩溶的分布又很不均匀,有时出水量较大,有时出水量又较小,甚至成为干眼。在这种情况下,采用盐酸进行洗井处理,将是增加管井出水量的最为有效手段。

三、石灰岩地层盐酸洗井的基本原理

盐酸与石灰岩类岩石进行化学反应,属于强酸与弱碱进行的反应,其化学反应的方程式如下:

在石灰岩中: $$CaCO_3 + 2HCl = CaCl_2 + H_2O + CO_2 \uparrow$$
$$100 + 72 = 110 + 18 + 44$$

在白云质灰岩中: $$MgCO_3 + 2HCl = MgCl_2 + H_2O + CO_2 \uparrow$$
$$84 + 72 = 94 + 18 + 44$$

上述方程式表明,每溶解100 g石灰岩需用72 g HCl(360 g 的20%盐酸),并产生44 g 的 CO_2 和110 g 的 $CaCl_2$;每溶解100 g的白云质灰岩则需用85.7 g 的 HCl(428.6 g 的20%盐酸),并产生111.9 g 的 $MgCl_2$ 和52.38 g 的 CO_2。因此,溶解相同量的 $CaCO_3$ 和 $MgCO_3$ 两种岩石,所需的盐酸量是不同的,相比较而言,含 $MgCO_3$(白云质灰岩)类的岩石耗酸量更大。

　　从盐酸的化学性质可看出,当盐酸注到井内后,便与碳酸钙进行反应,生成氯化钙、水及二氧化碳。一方面,氯化钙易溶解于水中,使含水层处的石灰岩溶蚀、裂隙进一步扩大,水的流动更为畅通;另一方面,反应中还生成大量的二氧化碳,这些气体在井内水柱压力作用下又不断地溶解于水,当溶解量达到一定值时,井内的水体急剧膨胀,产生一定的气体压力,从而形成"沸腾"状态。这种作用又可迫使盐酸沿着含水层的溶孔、裂隙向深处侵入,使盐酸的作用范围进一步扩大。同时,高压作用还迫使水体沿井身向上运动,带着反应物及其他钙质胶结物排出井外,并在一定条件下形成"井喷"现象。

　　采用盐酸处理井孔,具有以柔克刚的特性,可使深入基岩含水层中的溶隙、裂隙腐蚀扩充,这些裂隙又可以把那些巨大的含水构造或距管井较近但尚没有被凿穿的导水裂隙与井眼连通起来,沟通了水力联系,可使管井的出水量明显加大。

四、盐酸与石灰岩化学反应过程

　　为了解盐酸与石灰岩的化学反应速度,确定盐酸与各类灰岩进行化学反应时的最适宜酸液浓度,下面以 6 种石灰岩为例说明。

(一)反应环境与方法

1. 试验条件

　　试验在常温、常压下的室内进行,不同岩性灰岩试块均选用 3 cm×3 cm×1 cm 的长方体。

2. 试验方法

　　配制盐酸溶液的浓度分别为 6%、8%、10%、12%、14%、16%、20%、24%、28%、31%,溶液体积为 100 mL。对同一种浓度的盐酸将 6 种不同的石灰岩试块放入酸溶液中,化学反应作用时间从开始至不产生气泡为止。

(二)盐酸的浓度对化学反应速度的影响

　　根据上述的试验条件与试验方法,山东省水利科学研究院课题组选择了鲁中南山区的中奥陶灰岩、下奥陶灰岩、凤山组灰岩、张夏组灰岩及馒头组灰岩进行了试验,其试验结果见表 8-2。

　　根据表 8-2 中实测数据作出不同灰岩单位时间内的溶解量随酸液浓度变化关系曲线,如图 8-1 所示。由图 8-1 可知,除下奥陶灰岩的变化曲线外,其他 5 条曲线反映的石灰岩单位溶解量随酸液浓度变化规律基本一致,即酸液浓度在 16% 以内,反应速度随浓度的增加而加快。当酸液浓度从 14% 增至 16% 时,灰岩与盐酸溶液反应最为剧烈。当酸液浓度超过 16% 时,其化学反应速度反而有所降低。上述分析表明,盐酸与中奥陶灰岩、凤山组灰岩、张夏组灰岩及馒头组灰岩等 5 种灰岩进行化学反应的适宜浓度为 14% ～ 16%。由于下奥陶灰岩的主要成分为 $MgCO_3$,与其他 5 种灰岩的主要成分 $CaCO_3$ 有所区别,从而导致了曲线变化规律不一样。从图 8-1 中曲线变化规律可知,当酸液浓度超过 10% 达到 12% 时,其单位时间溶解量最大。当酸液浓度超过 14% 时,单位溶解量虽然仍在增加,但增加幅度有所减小,则下奥陶灰岩与盐酸溶液反应的适宜浓度为 10% ～ 14%。

表 8-2 盐酸与石灰岩化学反应作用时间及溶解量对比

时间(h) / 溶解量(g/h) 酸液浓度(%)	灰岩					
	中奥陶灰岩	下奥陶灰岩	凤山组灰岩	张夏组乳白色灰岩	张夏组鲕状灰岩	馒头组灰岩
6	2.67 / 1.74	3.67 / 1.28	3.38	3.17	5.92	5.33
8	3.15 / 1.98	4.23 / 1.5	4.0 / 1.6	3.5 / 1.83	6.0 / 1.06	5.48 / 1.14
10	3.63 / 2.17	4.72 / 1.57	4.33 / 1.81	3.83 / 2.07	6.08 / 1.13	5.63 / 1.39
12	4.12 / 2.28	4.67 / 1.96	4.67 / 2.02	4.25 / 2.26	6.17 / 1.51	5.78 / 1.65
14	4.6 / 2.38	5.18 / 2.06	5.0 / 2.22	4.67 / 2.39	6.25 / 1.81	5.93 / 1.86
16	5.58 / 2.54	7.08 / 1.94	5.33 / 2.65	5.08 / 2.84	6.33 / 2.25	6.25 / 2.28
20	5.98 / 2.54	7.9 / 1.92	5.75 / 2.71	5.5 / 2.84	6.5 / 2.44	6.7 / 2.32
24	6.55 / 2.83	8.38 / 2.17	6.92 / 2.68	6.0 / 3.15	7.33 / 2.61	7.05 / 2.73
28	6.95 / 3.11	9.37 / 2.21	8.25 / 2.64	6.83 / 3.13	8.5 / 2.54	7.53 / 2.87
31	7.35 / 3.21	10.85 / 2.08	9.67 / 2.4	7.58 / 3.06	9.0 / 2.6	7.85 / 3.07

从表 8-2 可以看出,当盐酸溶液浓度为14% ~16%时,石灰岩与盐酸的化学反应作用时间为4.6~6.33 h;而白云质灰岩则为5.18~7.08 h,比石灰岩稍长一点。因此,可以认为当所洗井的含水层为石灰岩时,盐酸的作用时间宜选为4~6 h;而当所洗井的含水层为白云质灰岩时,化学反应作用时间宜选为5~7 h。

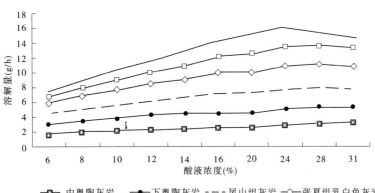

图 8-1 石灰岩溶解量随酸液浓度变化关系曲线

五、盐酸洗井增水技术的应用

（一）注酸位置的确定

注酸位置是否合理、准确，直接影响到洗井增水的效果，是影响洗井成功与否的关键因素。确定注酸位置的方法，先是依据打井岩芯裂隙发育情况进行初步判断，再进一步根据测井成果确定出注酸段。当注酸段为多个时，应将注酸口放在最下面的注酸段底板处。虽然酸液的密度比水的密度大，但上部水体为自由面，所以盐酸依然自下而上运动。

大量的生产实践表明，无论采用何种方法，井内的岩石裂隙发育情况一般都难以准确掌握，较为有效的注酸办法，是将地下水位以下的石灰岩层段全部注满酸液，采用全井段注酸洗井，增水效果更为可靠。

（二）盐酸洗井主要设备

在石灰岩地层进行酸化洗井时，主要设备为施工钻机，以及酸罐、输酸管（塑料管及配件）、玻璃浮子流量计、球阀等器械。

在具体施工时，应将酸罐放在风向的下游方向。可将钻杆作为井下输酸管，使用塑料管连接酸罐与钻杆，并在井口处安装塑料管三通接头，连接到导气塑料管，导气塑料管应高于井口一定高度，以防止酸液从导气管溢出。

（三）注酸浓度和数量的确定

考虑到酸液注入到井内后有较大的稀释作用，注酸浓度不应过低，一般应在 30% 左右，这样才能保证实际参加反应的酸液浓度较为适宜。

盐酸用量可根据井径的大小以及洗井段的长短进行计算，如果采用全井段注酸的办法洗井，可按地下水位以下井孔内的容积或整个含水层段的容积进行计算，就可确定出实际注酸量。

盐酸被注入到井内，除沿井轴方向纵向扩散外，还会沿基裂隙、溶隙进行扩散，特别是当含水层裂隙较多，溶隙较大时，产生化学反应的接触面积更大，需要的用酸量也相应地增大。由于含水层裂隙分布不均匀，多呈树枝状分布，因此考虑到盐酸横向扩散对注酸量的影响，可引入系数 α 对常规的计算方法进行修正。根据有关野外试验资料，修正系数 α 的取值范围为 $1.0 \sim 1.7$，该系数乘以计算出的注酸量，即为实际洗井时的注酸量。

（四）注酸速度与静置时间

注酸速度应适宜，过快易造成井喷，过慢则会降低反应强度，影响洗井增水效果。根据大量生产实践经验，一般以 $2 \sim 3$ t/h 的速度注酸较好。

注酸后的洗井抽水时间，不应短于酸液的反应时间，一般静置时间以 24 h 为宜。

第三节　松散地层多磷酸盐洗井增水技术

多磷酸盐洗井增水技术主要适用于松散地层的管井。在钻进过程中用泥浆作为冲洗液时，部分泥浆渗透到含水层中，同时在井壁形成了一层坚韧而结实的泥皮，阻止了地下水流入井内。采用传统的洗井方法，洗井的时间长，且洗井效果不佳，而采用多磷酸盐洗井，能较好地解决这一问题。

一、多磷酸盐的物理化学性质

目前常用于洗井的多磷酸盐有六偏磷酸钠[$(NaPO_3)_6$]、焦磷酸钠($Na_4P_2O_7$)、三聚磷酸钠($Na_5P_3O_{10}$)及磷酸三钠(Na_3PO_4)等化学原料。其有关性能见表8-3。

表8-3　多磷酸盐物理化学性能

名称	六偏磷酸钠	焦磷酸钠	三聚磷酸钠
特点	无色透明片状,易溶于水,不溶于有机溶剂	呈白色粉末状,溶于水,不溶于有机溶剂,溶解度不大	呈白色粉末状,易溶于水
水溶液 pH	6.0～6.6	9.2～10	8.5～9.2
水中溶解度	20 ℃时973 g/L	5%	极易溶
水溶液表面活性	显著增加	增加	增加
对钢材腐蚀作用	较弱	较强	微弱
软水功能	很好	差	好
溶解钙盐	很好	差	好
结合镁盐	好	很好	很好
结合铁	好	很好	好

二、多磷酸盐洗井的基本原理

多磷酸盐洗井的基本原理是将多磷酸盐溶液注入井内后,利用多磷酸盐的分解、络合、离子交换吸附、对泥浆的稳定及疏导等作用,使黏土颗粒发生物化反应,形成高度分散、悬浮状态的胶体溶液。多磷酸盐是一种络合物,它络合泥浆中的钙镁离子,促使黏土分散,又可以吸附于黏土晶体上,拆散泥浆中的网状结构,使井壁松软膨胀,致使泥皮脱落、疏通含水层,从而达到洗井的目的。

三、多磷酸盐洗井工艺

(一)多磷酸盐用量的计算

为了节省洗井中化学药品的用量和提高洗井效果,一般只向机井的滤水管段注入多磷酸盐洗井剂,反应时间一般控制在8～12 h。多磷酸盐用量可按下式计算:

$$W_d = \frac{0.785d^2HP}{1-P} \tag{8-1}$$

式中:W_d为多磷酸盐用量,kg;d为洗井段范围内钻孔直径,m;P为洗井段设计的多磷酸盐溶液浓度,一般为5%～10%;H为洗井段长度,m。

(二)多磷酸盐洗井的主要设备与方法

采用多磷酸盐进行洗井,其主要设备和洗井方法与盐酸洗井工艺大同小异,在施工时,可采用钻机设备,使用钻杆将酸液下入预定位置。在使用六偏磷酸钠及磷酸钠时,由于其在水中溶解慢,为提高其溶解速度,需在配液时加阴离子助溶及升温。一般可选用29%~31%浓度的盐酸,其用量为多磷酸盐的16%~20%即可。

四、多磷酸盐洗井的优点

(一)增加单井出水量

试验研究表明,使用多磷酸盐洗井,与常规方法(空压机-活塞洗井)相比,出水量一般能增加10%~19%。

(二)缩短辅助时间,提高效率

使用焦磷酸钠洗井,与一般的机械方法洗井相比,其洗井时间一般可减少40%。

(三)节省清水用量

井内注药,待静置反应后,可直接向井内送风排浆,减少了清水用量,这对在干旱缺水地区施工时提高洗井质量、加快成井速度,效果更为显著。

(四)减少对脆性井管的损坏

对于脆性易损的混凝土、塑料、陶瓷等井管,井内注药以后可直接送风排浆,不用拉活塞洗井,相对减少了井管损坏的可能性。

第四节　水力压裂洗井增水技术

一、水力压裂洗井增水的基本原理

水力压裂是通过地面高压泵组向井中目的含水层注入超过地层自身吸收能力的压裂液,当压力大于井壁附近地层的地应力和岩层的抗张强度时,启裂、延伸和扩张了岩层间的自然裂缝,打开、扩大和沟通了含水层的流通通道,从而增大管井的出水量。

根据力学性质的不同,可将地层中的岩石划分为塑性与脆性两大类。塑性岩石以页岩、泥岩、凝灰岩、千枚岩等为代表,受力后发生塑性形变,破坏以剪断为主,常形成闭合的乃至隐蔽的裂隙。这类岩石裂隙密度虽大,但是张开性差,延伸不远,缺少对地下水贮存和运动有意义的"有效裂隙",多构成隔水层。块状致密的石灰岩可作为脆性岩石的代表,还有花岗岩、闪长岩、片麻岩、砂岩等,这类岩石主要呈现弹性形变,破坏时以拉断为主,裂隙虽较稀疏,但张开性好,延伸远,导水能力强,多构成含水层,是采用水力压裂洗井增水的主要对象,明显不同于油气业中的压裂地层,并由此导致水力压裂洗井在这两个领域的应用具有明显不同的技术特点与工艺方法。

基岩地质构造有风化裂隙、层理、褶皱、断层、节理、劈理、溶蚀等各种形态,大量存在于各类脆性岩石中,是赋存地下水的重要空间。受岩性变化、构造应力分布的不均匀以及构造裂隙的堵塞等因素的影响,通常很难在整个岩石中形成分布均匀、相互连通的张开裂隙系统,构造裂隙发育程度在局部呈现出很大的差异性,有些局部区域的裂隙张开性好,有些局部区域的裂隙张开性差甚至闭合,这是造成水井干眼或出水量过少的重要原因。因而,应用水力压裂洗井技术的主要目的,是进一步扩展、延伸和沟通地层中的各类构造裂隙,使之与导水能力更强的裂隙沟通起来,形成多级次裂隙含水系统,有效改善地层的导水条件,从而提供持续、稳定且较为丰富的出水量。

在水力压裂洗井增水中,一般使用清水作为压裂液,又可称为清水压裂洗井增水技术。水井一般较浅、含水层厚度不很大,可根据具体成井工艺以及实际地质条件选用全井段压裂技术或分段压裂技术。全井段压裂时,可把封隔器放置到井口以下一定深度,然后使用高压泵组进行全井段压裂洗井,这种方法需要较大的泵量。分段压裂时,可利用封隔器系统将压裂目的层与非目的层隔开,将有限的能量集中到设定的含水层段,以提高压裂效果。

综上所述,水力压裂洗井增水技术因具有工艺简单、设备小型、施工成本低等特点,具有良好的应用推广前景,将是今后基岩地区管井洗井增水技术的重要发展方向。

二、水力压裂洗井增水技术的应用

(一)压裂液

应用水力压裂技术洗井增水,含水层多为沉积岩类的石灰岩、砂岩,岩浆岩类的花岗岩、安山岩、闪长岩,变质岩类的片麻岩、片岩、大理岩,多属脆性岩石,既具有较高的弹性模量又无水敏性,非常适宜用纯清水作为压裂液,其与含水层具有良好的配伍性,对环境无任何影响,亦不会伤害地层,故又可称为清水压裂洗井增水技术。

在清水压裂的过程中,由于地层中的天然裂缝表面大多呈粗糙状,剪切力使裂缝壁产生一定程度的剪切滑移,裂缝粗糙面发生相对滑动,致使张开了的粗糙面不能再滑回到原来的位置,从而使剪切产生的裂缝得到保持,以及压裂过程中岩石脱落下来的碎屑可能形成"自撑",即使不采用人工支撑剂,亦可有效提高近井地带的裂缝导水能力,从而达到较强的洗井增水效果。

(二)泵压与泵入量

一般来讲,压裂缝越长、张开度越大,洗井增水效果越好。裂缝延伸的长度和高度主要与井口施加的压力和泵入量有关。设井口压力为 P,地层破裂压力为 P_w,管路水头损失消耗的压力为 ΔP_m,压裂液静止液柱压力为 P_h,则有:

$$P = P_w + \Delta P_m - P_h \tag{8-2}$$

一般而言,为达到较好的洗井增水效果,压裂缝延伸长度应达数米或 10 余米,相应井口压力 P 应在 20 MPa 以下,一般掌握在 10 MPa 左右较为适宜。

相比较而言,水井一般要求出水量大,在采用纯清水作为压裂液的情况下滤失亦将大为增加,则需采用较高的施工泵入量,井口泵入量可依据地层岩性、裂隙发育程度等情况,在 5~50 m^3/h 选取,一般掌握在 30 m^3/h 左右较为适宜。

(三)清水压裂洗井工艺与设备

水力压裂洗井工艺以纯清水作为压裂液,在井内选择相对完整的基岩段,用上、下封隔器将拟压裂段隔离,然后泵入清水进行压裂作业,地表设备与系统布局见图 8-2,依次为远程控制柜—压裂泵—高压管路—管汇—高压管路—水龙头—钻杆柱。

采用分段压裂方法具有能量集中的特点,井内压裂器具布置如图 8-3 所示,依次由井内钻杆—卸荷阀—上封隔器—定压开启阀—下封隔器—底堵组成。压裂作业时,压裂液由钻杆内腔进入上、下封隔器中,使其贴紧井壁实现密封,随着系统压力的升高并达到某

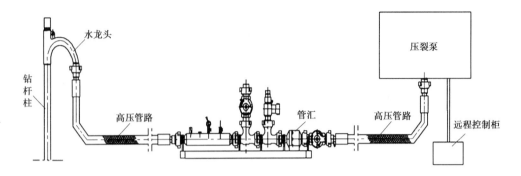

图 8-2　清水压裂主要设备与系统布局

一压力值时,定压开启阀打开,压裂液进入上、下封隔器之间与井壁的环腔内,当流体压力足以克服地层应力及岩石的抗张强度时,岩石起裂形成初始裂缝,随着流体的持续压入,裂缝不断扩张并沿地层延伸,从而形成含水层裂隙系统,达到洗井增水的目的。当第一压裂段次完成后,可提出井内压裂钻柱,重新组装压裂器具,根据需要依次实施后续段次的压裂作业。

　　全井段压裂方法只需使用上封隔器进行封堵,可一次性对全井段进行压裂作业,具有工艺简单、操作简便、实用性强、增水效果好等特点,尤其适用于花岗岩类弱含水地层、基岩浅井的压裂洗井增水作业,更具有应用推广价值。

三、地层适用性分析

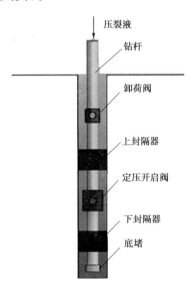

图 8-3　井内压裂器具布置

　　奥陶系石灰岩质地较纯,岩溶较发育,尤其在断层、褶曲附近或地下水排泄区岩溶更为发育,存在着大量的溶隙、溶孔、溶洞,是富水性很强的含水层。因而,一般不适用于水力压裂洗井增水技术。在水位埋深大、含水层埋藏较深的区域,又遇有出水量较小的情况,如每小时出水量仅为数立方米,才可考虑选用此项技术来提高出水量。

　　寒武系石灰岩地层分布广泛,是山丘地区重要的供水含水层,具有岩溶裂隙分布不均一、出水量差别大等特点,往往多数干眼出自该地层,为缺水地区找水打井的重要研究对象。因此,在单井出水量小的情况下,如每小时出水量仅为数立方米,则该类地层是水力压裂洗井增水技术的主要适用对象之一。

　　早第三系、白垩系、侏罗系砂岩分布广泛,具有单层厚度小、层位多、富水性差等特点,单井出水量一般低于 20 m^3/h,遇有出水量较小的情况,可采用水力压裂洗井增水技术。二叠系砂岩构造裂隙较为发育,出水量较大,从经济技术角度考虑,一般不适宜采用该洗井增水技术。

太古界、燕山期花岗岩、安山岩分布广泛,是砂石山区重要的饮用水含水层,具有成井困难、出水量小、水质优等特点,优质矿泉水大多出自该类地层,所以成井后的经济价值也较高。因而,如何较大幅度地提高该类地层的出水量,是找水打井的重要研究课题,对于砂石山区以地下水资源开发带动脱贫致富将具有重要意义。该类岩石的含水裂隙一般埋藏浅、连通性差,更适合采用水力压裂洗井增水技术来提高单井出水量,这将是该项技术应用的重要方向之一。

太古界片麻岩、片岩均为区域变质岩,分布广泛,具有构造分布复杂、沟通性差、出水量差别大、水质好等特点,亦是生产优质矿泉水的重要地层,除能满足人畜饮水需求外,出水量大时也可满足部分灌溉需求。因此,在单井出水量小的情况下,该类地层亦是水力压裂洗井增水技术的主要适用地层。

一般来讲,较为坚硬、脆性的岩石都具有一定的含水条件,而富水程度则主要取决于基岩裂隙的发育程度。从技术可行性上讲,在单井出水量小于预期的情况下,都可采用水力压裂技术进行洗井增水。但从经济可行性上考虑,由于供水井经济价值相对较小,而水力压裂洗井工艺过于复杂,设备又大型化,有可能造成洗井成本过高。因此,在单井出水量相对较大的情况下,一般不宜采用该种洗井增水技术,可考虑采用其他较为简便、经济的洗井增水方法。

第九章　水文测井技术

第一节　水文测井综述

水文测井是在井孔打完之后,用电缆将测井探头放于井内,通过地面仪器设备测量出不同深度岩层的物性差异,根据测量结果分析推断出井孔的岩性和水质的变化情况,这种方法就称作水文测井。

水文测井是地下水勘察工作中的一个重要内容,通过测井可以进一步了解含水层的性质和状况,获取地下含水层的位置、厚度,准确划分咸、淡水分界面,以及求取各含水层的含水率、孔隙度、渗透率、矿化度、水温、井斜等重要的水文地质参数和成井参数,其结果不但对指导成井具有重要意义,也是地下水资源评价的重要参考依据。

地球物理测井方法种类繁多,常用的水文测井方法主要有自然电场法、电阻率法、自然伽马法、声波法等。

自然电场法和电阻率法都属于电法测井,也就是大家俗称的电测井,在打井工作中主要用来确定含水层的位置、厚度,划分咸、淡水的分界面,估算成井后的水质和水量。在开采深层淡水时,通过电测井可以为井管结构设计,以及确定咸水层的封闭深度,提供较为可靠的技术依据。

电法测井根据电场的性质又可以分为人工电场法和自然电场法。自然电场法也叫自然电位法,该法不用供给电流,井上井下各有一个测量电极,测量出沿井壁自然电位差的变化。人工电场法在水文地质测井中以电阻率法应用最广。本章介绍的梯度电极系、电位电极系、二极法都属于电阻率法。它以岩层的不同导电性质为基础,岩层的导电性不同,即真电阻率不同,测量到的视电阻率也就不同,如砂层比黏土层视电阻率大,淡水比咸水视电阻率大。

自然伽马测井是在井内测量岩层中自然存在的放射性核素核衰变过程中放射出来的 γ 射线的强度,来研究地质问题的一种测井方法。这种测井方法,用以划分岩性,估算岩层的泥质含量,从而进行地层对比等。

声波测井是测定地层声波速度的一种测井方法。声波在岩石中的传播速度与岩石的性质、孔隙度以及含水性等有关,因此研究声波在岩石中的传播速度,就可以确定岩石的孔隙度,判断地层岩性以及含水性质。

地球物理测井自 20 世纪 20 年代问世以来,测井方法与仪器设备都发展得十分迅速,已从手动、半自动、全自动向数字化技术过渡,资料解释也从繁复的人工解读逐步进入到计算机数字处理方式,应用日益普及,将成为获得水文地质资料必不可少的重要手段之一。

根据仪器种类和工作方法的不同,水文测井又有简易测井、半自动测井和全自动测井之分。简易测井又称点测井,在工作时,电缆从井底向上提升,每提升一段测量一次,一般多采用点距 1 m 的间隔。点测井虽然速度慢,但设备简单,操作容易,便于掌握。半自动及全自动测井所用仪器为各种半自动或全自动测井仪(车),电缆从井下连续提升,记录出来的曲线是一条连续的曲线。自动测井速度快、效率高,但设备较为复杂。点测井与自动测井的分析结果是一致的。目前,随着经济社会的进步,技术装备的不断提高,综合测井车的应用更加广泛,水文测井也向着更加专业化、规模化、商业化的方向发展。

第二节　自然电位法测井

一、基本原理

把一个电极埋设在地面,另一个电极放入井下,用导线将它们与电位计连接起来,便会发现两个电极之间存在一个电位差使检流计指针发生偏转。这个天然存在的电位差主要由以下两部分所组成:

(1)电极极化电位差:电极极化电位产生在电极与其介质的接触面上。它不是地层中天然存在的一种电位,而是由电极与水或含水的土壤接触引起的。在自然电位法测井中,这部分电位差是一种干扰因素。

电极极化电位差形成的原因,是当一种金属与水溶液接触时,金属总会或多或少地被水溶液所溶解。被溶解到溶液中的是带正电荷的离子,电子则仍留在金属中,使它带上负电荷,促使金属以离子状态转入溶液的力量,称为溶液张力。转入溶液中的正离子与金属中的负电荷之间相互吸引,使两种电荷集中在金属与溶液的接触面附近,从而形成双电层。因此,便在金属与溶液之间产生了一个电位,这个电位就是电极极化电位。金属种类的不同,导致了溶液张力不同,所产生的电极极化电位就有所不同。溶液浓度发生变化,也会改变电极极化电位差的大小。

在电测井或电测深中,由于两个金属电极的材料纯度不可能完全相同,两个电极所接触的介质也不完全相同,因而两个电极所产生的电极极化电位数值也就不同,所以两个电极之间存在一个电位差,这就是形成电极极化电位差的基本原因。

在普通的金属材料中,铅的极化电位最稳定,其次是铜。所以,电测井一般使用铅电极,而地面电测一般使用铜电极。

(2)自然电位差:是在地下天然存在的与电极无关的电位差。形成自然电位差的原因很多,如因溶液浓度的不同而产生的扩散电位,因井液与地下水压力的不同而产生的渗透电位,因地层中的电化学活动较强的物质(如硫化物)的氧化、还原而产生的氧化还原电位等。

在上述两种电位差中,第一种电极极化电位差是测量中的一种干扰因素,在测量中要尽量减小它的影响;第二种是由于地层中的水与井液矿化度或压力不同等所产生的扩散电位,对测量具有意义。

当溶解在井液和地层水中的盐的浓度(矿化度)不同时,离子就会从浓度大的一方向浓度小的一方扩散。各种离子的迁移率有所不同,非金属离子的迁移率快,金属离子的迁移率慢。以氯化钠为例,钠离子是金属离子,带正电,氯离子是非金属离子,带负电。氯离子的移动速度比钠离子快。扩散的结果就会出现浓度大的一方正离子过剩而带正电,浓度小的一方负离子过剩而带负电。

假定钻孔中井液的浓度为 C_d,地层中所含地下水的浓度为 C,当 $C_d < C$ 时,则正对着含水层的井液显示相对的负电性,如图 9-1(a)所示,即负异常;反之则为正异常,如图 9-1(b)所示。

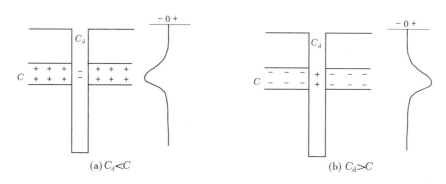

$$(a)\ C_d < C \qquad\qquad (b)\ C_d > C$$

图 9-1　自然电位曲线图

电极极化电位与自然电位在观测到的数值上是混在一起的,无法分开,在测井中统称为自然电位。由于极化电位是稳定的,它的大小只影响自然电位差绝对值的大小。自然电位差相对值的变化则主要反映了扩散电位差的大小。因此,可以根据自然电位差沿井壁的变化规律,分析含水层的分布和水质变化。

二、工作方法

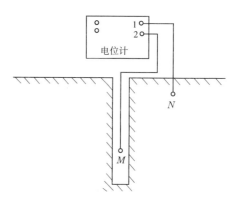

自然电位法测井的仪器线路连接如图 9-2所示。井下电极 M 一定要相应接测试仪器的 M 端,否则正、负异常恰恰相反。地面电极 N 极可埋在井口附近,覆土踏实。井下电极可以用视电阻率法测井的电极系中的任一个 M、N 电极。

测井时,先将 M 电极放入井底,在提升过程中每间隔 1 m 测量一次。在测量第一个测点时,如果电位计指针不稳定,说明极化电位

图 9-2　仪器线路连接示意图

差不稳定,可以等一段时间,待指针基本稳定后再测。如果第一个测点自然电位差很大,可以用极化补偿器补偿一部分,只测量剩余部分。在以后的整个测量过程中,极化补偿器不可再动。在每个测点测量读数的同时,应从测试仪器上读出自然电位的正、负。在进行自然电位测井时,应关闭附近的一切电器设备,以减小大地游散电流干扰。

三、曲线分析

以自然电位为横坐标,测量深度为纵坐标,将观测结果点绘到方格纸上。纵坐标的比

例尺应与视电阻率测井曲线一致,横坐标的比例尺可选用每厘米代表10 mV或20 mV,坐标向右的方向为正电位方向。

先从曲线上确定出中线(或叫基线)。中线就是在曲线上较平直的与厚层黏土相对应的线段。中线上的自然电位值不一定为0,也可能为负值,也可能为正值。较理想的中线应是垂直的,且上下一致。但实际工作中经常遇到中线偏斜、转折、弯曲等现象。造成这些现象的原因常有以下几个方面:

第一,清水固壁的大口径管井,由于井壁的渗透性好,扩散电位形成的双电层远离井壁,并且上部与下部因钻进的时间长短不同,双电层距井壁的距离也不同,因而经常使曲线的中线偏斜或弯曲,给分析造成一定困难。

第二,在工业区附近或井附近有电器等,游散电流干扰使曲线没有规律,找不出中线。

第三,在测量中,由于触动地面电极周围的土壤,接地条件改变,使中线发生转折。

第四,地面电极埋设时间短或井下电极下井的时间短,极化电位不稳,使曲线下部的中线偏斜。

第五,在测井过程中,井壁坍塌掉块,或突然向井内灌注井液,都可能引起中线偏斜或转折。

第六,M极在井下由静止变为运动或由运动变为静止,会产生摩擦电位,使极化电位不稳,这时可在电极上包上一层布套予以消除。

从中线向右突起的曲线段为正异常,向左突起的曲线段为负异常。正异常的自然电位不一定为正值,负异常的自然电位不一定为负值,如图9-3所示。正异常表示该含水层的矿化度C小于井液的矿化度C_d,一般为淡水层反应;负异常表示该含水层的矿化度C大于井液的矿化度C_d,一般为咸水层反应;没有异常一般表示没有含水层。正、负异常都是砂层的反映,砂层的上、下界面可按异常幅值的一半来确定。

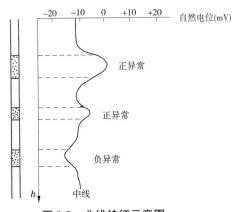

图9-3 曲线特征示意图

自然电位法测井设备简单,测量速度较快,且能与视电阻率法相辅相成。例如,有些不含水的高阻层,在视电阻率曲线上易判断为含水层,而在自然电位曲线上则不显示异常。但自然电位曲线不一定对每个井都能说明问题,且对水质的分析较粗,因此这种方法一般不能单独使用。

第三节 电阻率法测井

电阻率法测井是最早应用的测井方法之一,也是目前应用最为普遍、最为基本的测井方法。岩石电阻率与岩性、孔隙率、地下水水质有着密切联系,因而通过研究岩石电阻率的差异来区分岩性,划分含水层,确定咸、淡水分界面等,是电阻率法测井的主要任务。

电阻率测井方法分类很多,本节主要介绍常用的梯度电极系、电位电极系和二极电极系测井方法,一般可满足水文测井工作的需求。

一、电测井的主要装备

除测试仪器外,电阻率法测井的主要装备有电缆、电极系、重锤、井口滑轮、绞车、地面电极等。

(一)电缆

电缆的作用是将电极系在井内提放,并作为连接电极系、地面电源和仪器的导线,要求具有坚韧、柔软、绝缘好、缆芯电阻低等特点。

所用电缆以三芯含钢丝的电缆为最好,线径不需过粗,单芯截面可在 1.5～2.5 mm^2。如果井深小于 200 m,也可以用无钢丝的三芯动力电缆,或三条军用被覆电话线绞合起来使用。电缆绝缘材料应性能良好,任一缆芯与水之间的绝缘电阻,都应不小于 500 MΩ。

(二)电极系

1.电极系

在井下使用的装在电缆上的 3 个电极,叫作电极系;还有一个电极埋在地面井口附近,叫作地面电极。这些电极用以供电的,叫作供电电极,以字母 A、B 表示;用以测量电位差的,叫作测量电极,以字母 M、N 表示。在电极系中,供电或测量共用相同的两个电极,叫作成对电极,另外一个则叫作不成对电极。

电极系的表示符号的顺序,表明电极系自上而下的排列顺序,字母之间的数字,表示两个电极之间以 m 为单位的距离(以电极中心为准)。例如 $A2.0M0.25N$,则表示该电极系最上面的电极为 A,中间电极为 M,最下面的电极为 N,A 距 M 为 2.0 m,M 距 N 为 0.25 m。在电极系中一般将中间电极作为 A 极或 M 极。

成对电极为供电电极者为双源电极系;成对电极为测量电极者,为单源电极系。成对电极间的距离小于不成对电极至中间电极的距离者,叫作梯度电极系;成对电极间的距离大于不成对电极至中间电极的距离者,叫作电位电极系。梯度电极系又分为底部梯度电极系和顶部梯度电极系。成对电极在下方的,叫作底部梯度电极系或正装梯度电极系;成对电极在上方的,叫顶部梯度电极系或倒装梯度电极系,如图 9-4 所示。不论梯度电极系还是电位电极系,一律以距离较近的两个电极的中点作为记录点,即测点。该点在井内的深度,亦即所谓的测量深度。

梯度电极系的电极距 L(相当于 $AB/2$),等于不成对电极至记录点的距离;电位电极系的电极距 L,等于不成对电极至中间电极的距离。

不论梯度电极系还是电位电极系,电极系数 K(又叫装置系数)仅与源数有关,视电阻率 ρ_S 的计算公式为

对于单源电极系
$$\begin{cases} \rho_S = K \cdot \Delta V / I \\ K = 4\pi \cdot AM \cdot AN/MN \end{cases} \tag{9-1}$$

对于双源电极系
$$\begin{cases} \rho_S = K \cdot \Delta V / I \\ K = 4\pi \cdot AM \cdot BM/MN \end{cases} \tag{9-2}$$

式中,ΔV 为电位变化值;I 为电流强度。

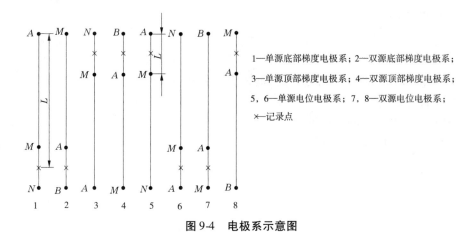

1—单源底部梯度电极系；2—双源底部梯度电极系；

3—单源顶部梯度电极系；4—双源顶部梯度电极系；

5，6—单源电位电极系；7，8—双源电位电极系；

×—记录点

图9-4　电极系示意图

2.电极系的制作

电极系中每个电极的长度一般为 3～5 cm，直径约 3 cm。电极材料以纯铅皮或纯铅丝为最好，也可以用 20～25 A 的保险丝代替。

电极系的做法有以下两种：

第一，电极距离可以变动的电极系。先在电缆上套上一段硬塑料管或硬胶皮管，管的内径应略大于电缆外径，管的外径 3 cm 左右，管长 8～10 cm。在管的中间部分用铅丝紧密缠绕 5～7 cm，管的两端用高压胶布缠成比电极直径略大的电极座，电极座应压住缠绕的铅丝 1 cm 左右，详见图9-5。

电极与缆芯的连接，应将电缆下端扭转过来，用弦线或钢丝扎成环形，以悬挂重锤。将各电极与缆芯之间用软胶皮导线连接起来，连接点应严密绝缘，导线要从电极座里面穿过。为了减少导线的接头，确保绝缘良好，可以使扭转过来的电缆长一点，将缆芯直接与电极连接，连接导线要长一点，使电极可以上下挪动，挪动后的电极位置可以临时绑扎固定。

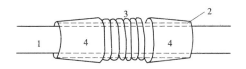

1—电缆；2—硬管；3—铅丝；

4—高压胶布缠成的电极座

图9-5　电极系结构示意图

第二，电极距离固定的电极系。电极的做法同上，电极与缆芯的连接可以用上述方法，也可以用下面割断缆芯的方法，先将电缆外皮破开，割断一条缆芯，将下面的一个断头绝缘，把上面的断头与电极之间用胶皮连接起来。在电缆剖开部分注满生胶，外面用高压胶布缠牢，两端用弦线扎紧。为了防止水沿胶皮导线侵入电缆剖开处，再用高压胶布将导线全部包住。电极系中最下面的一个电极直接与缆芯连接，另外两根缆芯的端尽头应予以绝缘。

（三）重锤

当井内有泥浆，电极系的质量不能使电缆保持垂直时，可加一重锤，材料一般用铅制作。重锤的质量应视泥浆的密度而定，当泥浆密度较小时，锤重 3～5 kg；当泥浆密度较大时，锤重 5～10 kg。重锤与最下面的电极间的距离，不应小于电极距的 1/4。

（四）井口滑轮

井口滑轮的作用是便于从井内提放电缆。

（五）绞车

绞车用来缠放和升降电缆,分手摇、机械传动和电动多种。

（六）地面电极

地面电极如果是供电电极,可以用棒状铜电极或铁电极;如果是测量电极,可以将铅丝紧密地缠绕在电工用的穿墙瓷管上做成铅电极,以减小极化电位的干扰。

二、梯度电极系测井

（一）工作方法

单源梯度电极系测井的线路连接如图9-6所示,电位器 R 与电流表(MA)组成电流调节器。电极系的 M、N 极与仪器连接,A 极与仪器的任一个电源极连接,地面电极 B 与另一个电源极连接。在 A 极或 B 极与仪器连接的线路中,串联上供电电源、电位器和电流表,电位器的作用是调节供电电流的大小。地面电极打在井口附近较湿润的地方,如果为铅电极,可挖一小坑埋入地下,并浇上水,使其接地良好。电极系的各个电极在下井前必须用砂纸擦干净,因为铅的表面极易生成一层氧化膜,容易使线路灵敏度达不到要求。

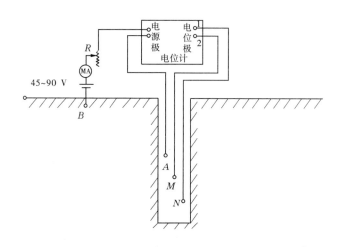

图9-6　单源梯度电极系测井线路连接示意图

测井时先将电缆放入井底,从下往上逐米进行测量,按相关公式计算视电阻率。如果用电位器将电流强度 I 调整到与 K 值相等或为 K 值的若干分之一,则可以使计算简化。例如当 $I = K$ 时,$\rho_s = \Delta V$;当 $I = K/2$ 时,$\rho_s = 2\Delta V$。在测量过程中一般 I 变化很小,可以间隔几十米调整一次,这样每个测点只做电位差测量,可提高测井效率。

该种底部梯度电极系,对高阻层的下界面和上界面的反映都较为明显清晰,是水文测井常用电极系。

由于测井时电极系是在井液当中,所以井液电阻率的大小对测出的视电阻率有一定的影响。电极距越大,井液电阻率的影响越小,测出的视电阻率越能接近于巨厚岩层的真电阻率。但在实际中,砂层的厚度有限,当电极距接近于或大于砂层厚度时,砂层上下黏性土的影响随之增大,反使测出的砂层视电阻率偏小,甚至使砂层反映不明显。因此,在选择电极距时,必须考虑以下两个方面:

第一,井径越大,井液电阻率与地层电阻率相差越大,则井液电阻率对视电阻率的影响越大。例如,地层是咸水,而井液是淡水,如果电极距较小则测出的视电阻率比地层的真电阻率会大很多,则会误认为地层水是淡水。在理论上,当地层电阻率为井液电阻率的 5 倍时,只有当电极距等于或大于井径的 3 倍时,井液的影响才可以不考虑。当地层电阻率为井液电阻率的 20 倍时,只有当电极距等于或大于井径的 5 倍时,井液的影响才可以不考虑。例如,井液矿化度为 2 g/L,其电阻率约为 4.5 $\Omega \cdot m$,淡水砂层的电阻率约计为 20 $\Omega \cdot m$,相当于井液电阻率的 5 倍左右,如果井径为 0.5 m,则电极距应不小于 1.5 m。

第二,当电极距大于砂层的厚度时,砂层反映不明显,因此电极距不宜过大。

能划分出数目最多的岩层,受井液的影响又较小的电极系,叫作标准电极系。用标准电极系测出的曲线,在矿化度大于 3 g/L 的咸水层中较平直,反映不出砂层,但在淡水层中对砂层反映很明显。

在平原地区测井,电极距一般取 2.0 ~ 4.0 m,例如 $A2.25M0.5N$,$A2.58M0.5N$,$A2.0M0.25N$,$A3.745M0.5N$ 等。在一般情况下,可用 $A2.58M0.5N$ 的电极系,其装置系数 $K = 200$。若井液与地下水水质相差很大,打井时间又很长,可以用 $A3.745M0.5N$ 的电极系,其装置系数 $K = 400$。

双源梯度电极系测井方法与单源梯度电极系测井方法类似,区别在于其一个测量电极在地面,须采用极化电位较小的铅电极。

（二）曲线分析

将观测结果绘到以 ρ_S 为横坐标、以深度为纵坐标的方格纸上,即得到视电阻率曲线。纵向比例尺一般选用 1∶200,横向比例尺的选择应能使高阻岩层和低阻岩层在曲线上有明显的反映,但又不致将测量误差放得很大,使曲线复杂化。梯度电极系测出的 ρ_S 曲线如图 9-7 所示。当电极距小于岩层厚度时,正对着高阻层的视电阻率曲线是不对称的。对于底部梯度电极系,曲线的极大值出现在砂层的下界面,曲线的极小值出现在砂层的上界面。顶部梯度电极系测出的 ρ_S 曲线恰恰相反,曲线的极大值出现在砂层的上界面,曲线的极小值出现在砂层的下界面。因为受井液电阻率的影响,ρ_S 极大值一般大于砂层的真电阻率。ρ_S 平均值的大小,能比较真实地反映出水质的好坏,可以用它粗略地查出地下水的矿化度。因此,ρ_S 平均值又可以叫作"视电阻率的特征值"。

ρ_S 特征值可以用以下几种方法得到:

第一,底部梯度电极系曲线 ρ_S 特征值,可从砂层中点向下推一个电极距(L),该处的视电阻率即为 ρ_S 特征值;顶部梯度电极系应向上推一个电极距(L),该处的视电阻率为 ρ_S 特征值。

第二,底部梯度电极系曲线,在异常中部的平缓段与接近砂层下界面急剧上升段的转折点处的视电阻率为 ρ_S 特征值;顶部梯度电极系曲线,在异常中部的平缓段与接近砂层上界面急剧上升段的转折点处的视电阻率为 ρ_S 特征值。

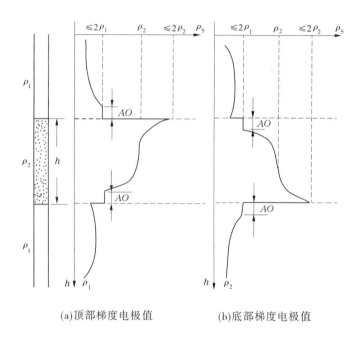

(a)顶部梯度电极值　　　　　　　(b)底部梯度电极值

图 9-7　梯度电极系 ρ_S 曲线示意图

第三,采用割补法,在异常中部的某一处作横坐标的垂线将异常分割为两部分,使垂线右侧割下来的三角形恰好能补足曲线上方(对于底部梯度电极系曲线来讲则在下方),从 ρ_S 极小值至垂线作的直角三角形,此垂线所代表的视电阻率即为 ρ_S 特征值,如图 9-8 所示。

当电极距大于砂层厚度时,正对砂层的曲线所反映出来的异常是对称的,ρ_S 极大值正对着砂层的中间。ρ_S 极小值小于或接近于砂层的真电阻率,ρ_S 特征值应取极大值或比极大值更大些。砂层的上、下界面反映不明显,一般可取异常值幅的 2/3 处作为砂层的上、下界面,如图 9-9 所示。

在淡水层中,砂层的 ρ_S 特征值一般大于 20 $\Omega \cdot m$,第四系黏土、壤土的 ρ_S 值一般为 8~20 $\Omega \cdot m$,第三系黏土、壤土的 ρ_S 值一般为 5~15 $\Omega \cdot m$,曲线左右摆动明显。在咸水层中,曲线较平直,ρ_S 值较小,砂层反映不明显,砂层的 ρ_S 值不大于 15 $\Omega \cdot m$。分析水质时应以砂层的 ρ_S 特征值为主,黏性土的视电阻率只作为参考。估算淡水层的矿化度以较厚的砂层为准。

应该注意的是,电极距不同,受井液的影响程度也不同,因而用不同电极距的电极系测出的同一个砂层的 ρ_S 特征值并不一致。在电极距小于砂层厚度的前提下,极距越大,ρ_S 特征值越接近于真电阻率,分析出的水质越可靠。如果有大小两种电极距的电极系测出的 ρ_S 曲线,当小极距的 ρ_S 特征值比大极距的 ρ_S 特征值大得多时,说明地下水的矿化度大于井液的矿化度;反之,则说明地下水矿化度小于或接近于井液的矿化度。

同一地区最好选用一种较合理的电极距作为标准电极系固定下来,以便于各个井的 ρ_S 曲线对比分析。

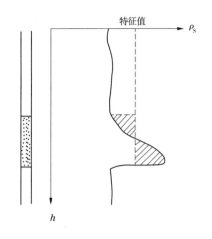

图 9-8　割补法 ρ_s 特征值

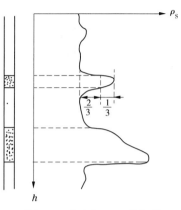

图 9-9　大电极距 ρ_s 特征值

三、电位电极系测井

（一）电极距的选择

电位电极系测出的 ρ_s 曲线是对称的，所以不论成对电极在上方或下方，测出的 ρ_s 曲线都是相同的，故不再有顶部电极系与底部电极系之分。

为了减小井液的影响，当地层电阻率为井液电阻率的 5 倍时，电极距应大于或等于井径。当地层电阻率为井液电阻率的 20 倍时，电极距应大于或等于井径的 3 倍。

当电极距大于砂层厚度时，砂层反映不明显。当电极距小于砂层厚度时，砂层在曲线上有明显的反映。在选择电极距时，应同时兼顾以上两个方面。

常用电位电极系的电极距有 $N2.0M0.25A$（$K = 3.53$），$N2.58M0.5A$（$K = 7.5$），$N3.745M0.5A$（$K = 7.12$），$N3.745M0.75A$（$K = 11.3$）等。

（二）曲线分析

当电极距小于砂层厚度时，电位电极系的 ρ_s 理论曲线如图 9-10 所示。砂层上界面位于曲线从急剧上升处向上推半个极距的地方，砂层下界面位于曲线从急剧下降处向下推半个极距的地方。但根据实践，这样确定的砂层厚度往往偏大，而以实测曲线急剧上升段和急剧下降段的中点，即曲线异常的半幅值处为砂层的上、下界面更加接近实际，如图 9-11 所示。

电位曲线异常的极大值，一般小于或稍小于砂层的真电阻率。因此，ρ_s 特征值应取极大值或极大值稍大些。但电位电极系受井液的影响比梯度电极系大，分析时须加以考虑。

四、二极法测井

二极法是指井下只用两个电极，即 A、M 极，B、N 电极在井上。A、M 电极互换，对测量结果没有影响。B、N 两个电极的相对位置可以任意选择，但 B、N 间的距离必须保持固定。电极系数（装置系数）K 的计算公式为

$$K = 2\pi/(1/2AM + 1/BN) \tag{9-3}$$

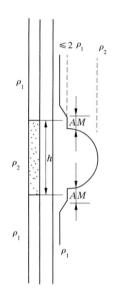 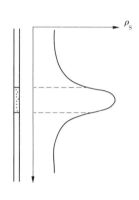

图 9-10　电位电极系的 ρ_s 理论曲线　　　　图 9-11　电位电极系的 ρ_s 实测曲线

对于测量深层淡水，B、N 极离井口的距离不限。对于测量浅层淡水，为了减小 A、N 极之间和 B、M 极之间的相互影响，B、N 极离井口的极距不得小于 20 m。

A、M 极之间的距离为二极法的电极距，记录点在 A、M 的中点，电极距一般可取 0.5 m、0.75 m 或 1.0 m。二极法实际上是电位电极系的变种。但由于 N 极在井上，N 极电位的大小只取决于 B 极对它的影响，是一个常数，视电阻率的变化只受 M 极电位的影响，这样就使影响因素减少，因而对砂层的反映更加明显和可靠。

二极法的分析方法与电位电极系相同。它的优点是反映砂层可靠，曲线圆滑，便于分析，测量时便于与自然电位法同时测量。可以用双股导线代替三芯电缆进行浅井的测井，对于深井的测井，由于对电缆强度要求高，仍应使用测井电缆。

二极法的缺点是受井液影响较大。在测井时，若以区分砂层为主要目的，二极法可以单独使用；若以区分咸、淡水界面为主要目的，则最好与梯度电极系及自然电位法配合使用。在二极法单独使用时，为减小井液的影响，电极距可选用 1 m。

第四节　波速法测井

声波测井是以不同岩石的声波传播性能的差异性，以及由此产生的声差异（速度、幅度）为基础，探测、判定岩石性质的一种测井方法。目前有声速测井、声波幅度测井、声波全波列测井、地震测井、超声成像测井等系列方法。在水文地质领域应用比较成熟的主要方法为单发双收声速测井和超声成像测井。

一、声速测井

（一）工作原理

单发双收声速测井原理如图9-12所示。T 为发射器，R 为接收器。T 发射后，同一首波（滑行纵波）触发两个接收器 R_1、R_2，其时差为 Δt，记录点在 R_1R_2 的中点。设计要求最先到达接收器的是滑行纵波的折射波（简称滑行纵波）。

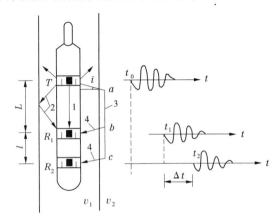

1—直达波；2—反射波；3—滑行波；4—折射波；
L—源距；l—间距；T—发射器；R_1，R_2—接收器

图9-12 单发双收声速测井工作原理

为了对比不同间距 l 的时差，往往引用单位距离声波传播时间，以 Δt 表示：

$$\Delta t = t_2 - t_1 = \frac{b_2 - b_1}{v} = \frac{l}{v} \tag{9-4}$$

式中：t_1 为首波到达第一个接收器的时间；t_2 为首波到达第二个接收器的时间；l 为发射器到 R（接收器）之间的距离；b_1、b_2 分别为 L 和 $L+l$。所以有：

$$\Delta t = l/v \quad (\mu s/m)$$
$$v = l/\Delta t \tag{9-5}$$

（二）声速测井的影响因素

单发双收声速测井的影响因素主要包括间距、周波跳跃以及扩孔的影响。

1. 周波跳跃

在正常情况下，R_1 和 R_2 应该被同一初至波触发，由于能量的衰减，常常造成初至波仅触发路程较近的接收器 R_1，较远的接收器 R_2 则不能被同一初至波触发，而只能被续至波触发，即 t_2 增大，使 $\Delta t = t_2 - t_1$ 增大。这种使两个接收器不被同一初至波触发所造成的曲线波动称为跳跃，且此现象呈周期性地出现，故称为周波跳跃。在声波水文地质测井工作中，破碎带和疏松带有可能会出现周波跳跃的情形，如图9-13所示。

2. 扩孔影响

扩孔影响以及补偿如图9-14所示，Δt_1 是 $R_1R_2T_2$ 测量声系，即发生器 T_2 在接收器 R_1R_2 之下；Δt_2 是 $T_1R_1R_2$ 测量声系，即发生器 T_1 在接收器 R_1R_2 之上。如果在一个扩孔井段

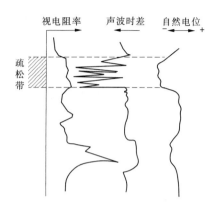

图 9-13　疏松带对声波时差的影响

分别采用以上两种声系测量,然后求平均,即 $\Delta t = (\Delta t_1 + \Delta t_2)/2$,则扩孔与 Δt 无关,所以又引入了双发双收声速测井仪,如图 9-14 所示。

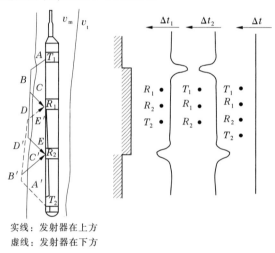

实线:发射器在上方
虚线:发射器在下方

图 9-14　双发双收声速测井法

（三）注意事项

（1）声速测井施测前后均应对仪器进行标定和对零检查,探头下井前应先在套管中进行检查。

（2）为检查和评价声速测井的质量,必须进行一定的检查观测,检查观测一般为每孔的总工作量的 10% ,检查观测的相对误差不大于 5% 。

（3）源距 L 的选择原则是保证到达接收探头的初至波是地层的折射波,在此前提条件下要尽量缩短源距,以便提高仪器的信噪比。间距 l 的大小决定了曲线的分辨率,其选择取决于进行分层的厚度。

（四）声波测井的应用

（1）判定岩性及划分含水层。利用不同岩石的声速及声波时差差异可以判定岩性,常见介质的纵波速度和时差见表 9-1。

　　孔隙水含水层声波时差常为低异常,裂隙水含水层声波时差常为高异常,如图 9-15 所示。图 9-15 中 A_s、Δt 分别为声幅和声波时差,A、B、C、D、E 为裂隙带,在裂隙带具有低声幅和高时差。溶洞水层的 R_a 显示为低值,声波时差为较高异常。

表 9-1　常见介质的纵波速度和时差

介质名称	速度(m/s)	声波时差(μs/m)
黏土	1 830 ~ 2 440	410 ~ 548
泥岩	1 820 ~ 3 962	252 ~ 548
渗透性砂岩	2 500 ~ 4 500	220 ~ 400
致密砂岩	6 500	182
致密石灰岩	6 400 ~ 7 000	148 ~ 166
致密白云岩	7 800	125
岩盐	4 600 ~ 5 200	193 ~ 217
无水石膏	6 100 ~ 6 250	193 ~ 164
泥灰岩	3 050 ~ 6 400	158 ~ 330
水、一般泥浆	1 530 ~ 1 630	520 ~ 695

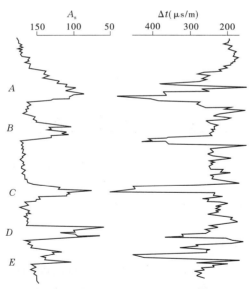

图 9-15　声幅和声波时差划分比较示意图

　　(2)计算求取孔隙度。对砂泥岩地层来说,声波时差测井响应方程如下:

$$\Delta t = \Delta t_\varphi \varphi + \Delta t_{sh} V_{sh} + \Delta t_{ma} V_{ma} \tag{9-6}$$

式中:Δt 为声波时差测井值;Δt_φ、Δt_{sh}、Δt_{ma} 分别为孔隙流体、泥质和石英的声波时差。

　　由式(9-6)可求得孔隙度 φ_{ac}:

$$\varphi_{ac} = \frac{\Delta t - \Delta t_{ma}}{\Delta \varphi - \Delta t_{ma}} - V_{sh} \frac{\Delta t_{sh} - \Delta t_{ma}}{\Delta t_\varphi - \Delta t_{ma}} \tag{9-7}$$

对砂岩地层，$V_{sh}=0$，则

$$\varphi_{ac} = \frac{\Delta t - \Delta t_{ma}}{\Delta \varphi - \Delta t_{ma}}$$

二、超声成像测井

利用超声成像测井判定岩层或裂缝产状的原理如图 9-16 所示。

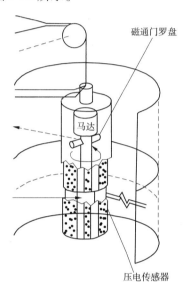

超声成像仪主要由压电换能器、马达、磁通门罗盘组成。压电传感器既是发射器，也是接收器，通常用频率为 1 500 Hz 电脉冲激发换能器，使其成声波源发射声波，换能器的工作频率为 1.3 MHz。仪器由井下上提时，马达驱动换能器在井下做 360° 旋转，换能器向井壁发射声波，并接收来自井壁的反射波信号，其信号传输到地面显示屏，显示屏显示的灰度、亮度与信号的幅度有一定的关系。声阻抗越小，反射波幅度越小，图像的灰度暗；反之声阻抗越大，反射波幅度越大，图像的灰度越明亮。

超声成像测井对地质结构可根据观察结果直观描述，并判定裂隙、断层、软弱夹层等的倾角、倾向及厚度。在顶角大于 5° 的斜孔中求取这些产状时尚需利用井径、井斜测量等资料进行斜度校正。

超声成像测井对地层具有一定的穿透能力，因而

图 9-16　超声成像测井原理

能够描绘地层结构，而光学成像测井只能观测井壁表面，所以二者有着本质的不同。

第五节　自然伽马测井

自然伽马测井是在井内测量岩层中自然存在的放射性核素核衰变过程中放射出来的 γ 射线强度，来研究地质问题的一种测井方法。在水文测井实践中，这种测井方法主要用于划分岩性、地层对比，以及估算岩层泥质含量等。

一、岩石的自然放射性

岩石的自然放射性取决于岩石所含的放射性核素的种类和数量。岩石中的自然放射性核素主要是铀（$^{238}_{92}U$）、钍（$^{232}_{90}Th$）、锕（$^{227}_{80}Ac$）及其衰变物和钾的放射性同位素 $^{19}_{40}K$，这些核素的原子核在衰变过程中能放出大量的 α、β、γ 射线。例如，1 g 铀或钍每秒能放出平均能量为 0.5 MeV 的 γ 光子 12 000 个或 26 000 个，所以岩石具有自然放射性。

不同岩石放射性元素的种类和含量有所不同，它与岩性及其形成过程中的物理化学条件有关。

一般来说，火成岩在三大岩类中放射性最强，其次是变质岩，最弱的是沉积岩。沉积岩按其含放射性元素的强弱可分成以下三类：

（1）伽马放射性高的岩石为深海相的泥质沉积物，如海绿石砂岩、高放射性独居石、钾钒矿砂岩、含铀钒矿的石灰岩以及钾盐等。

（2）伽马放射性中等的岩石包括浅海相和陆相沉积的泥质岩石，如泥质砂岩、泥灰岩和泥质石灰岩。

（3）伽马放射性低的岩石一般为砂层、砂岩、石灰岩、煤和沥青等，但煤和沥青的放射性变化较大。

由于不同地层具有不同的自然放射性强度，因而才有可能根据自然伽马测井方法研究地层的性质。

二、自然伽马测井的测量原理

自然伽马测井工作原理如图 9-17 所示，测量装置由井下装置和地面仪器组成。井下装置由探测器（闪烁计数管）、放大器、高压电源等几部分组成。自然伽马射线由岩层穿过泥浆、仪器外壳进入探测器，探测器将 γ 射线转化为电脉冲信号，经过放大器把脉冲放大后，由电缆送到地面仪器，地面仪器把每分钟形成的电脉冲数（计数率）转变为与其成比例的电位差进行记录。

井下仪器在井内自下而上移动测量，连续记录出井剖面井岩层的自然伽马强度曲线称为自然伽马测井曲线（用 GR 表示），以计数率（脉冲/min）或标准化单位（如 μR/h 或 API）刻度。砂泥岩剖面的自然伽马测井实测曲线如图 9-18 所示。

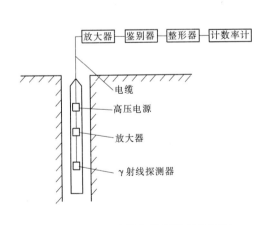

图 9-17　自然伽马测井工作原理

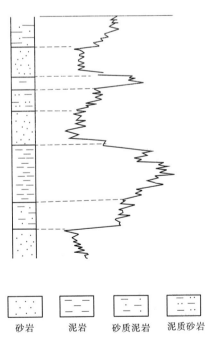

图 9-18　自然伽马测井实测曲线

三、自然伽马测井的特点及影响因素

岩石的放射性核素放射出来的伽马射线,在穿过岩石时会逐渐被岩石吸收,因此由距离探测器较远的岩石放射出来的伽马射线,在到达探测器之前已被岩石所吸收,所以自然伽马测井曲线记录下来的主要是仪器附近,以探测器中点为球心、半径在 30 ~ 45 cm 范围内的岩石放射出来的伽马射线。这个范围就是自然伽马测井的探测范围。用这个"探测范围"的概念,能够更容易理解自然伽马测井曲线的形状及其特点。

四、自然伽马测井曲线的应用

自然伽马测井在地下水资源的勘探和开发中,主要用来划分岩性,确定含水层的泥质含量,进行地层对比以及确定含水层部位等。

(一)划分岩性

利用自然伽马测井曲线划分岩性,主要是根据岩层中泥质含量的不同进行。由于各地区岩石成分不一样,因此在利用自然伽马测井曲线划分岩层时,要了解该地区的地质剖面岩性的特点,下面是用自然伽马测井曲线划分岩性的一般规律。

在砂混岩剖面中,砂岩显示出最低值,黏土(泥岩、页岩)显示出最高值。而粉砂岩、泥质砂岩介于中间,并随着岩层中泥质含量增加曲线幅度增大。

在碳酸盐岩剖面中,自然伽马测井曲线值是黏土(泥岩、页岩)最高,纯的石灰岩、白云岩最低,而泥灰岩、泥质石灰岩、泥质白云岩介于两者之间,且随泥质含量增加而幅度增大,如图 9-19 所示。

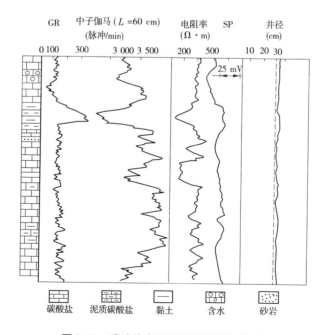

图 9-19　碳酸盐岩剖面放射性测井曲线

（二）地层对比

与用自然电位和普通电阻率测井曲线比较,利用自然伽马测井曲线进行地层对比有以下几个优点:

(1)自然伽马测井曲线与地层水和泥浆的矿化度无关。

(2)自然伽马测井曲线值在一般条件下与地层中所含流体性质(水或油)无关。

(3)在自然伽马测井曲线上容易找到标准层,如海相沉积的泥岩,在很大区域内显示明显的高幅度值。

（三）估算泥质含量

由于泥质颗粒细小,具有较大的表面,因此它对放射性物质有较大的吸附能力,且沉积时间长,有充分时间与溶液中的放射性物质一起沉积下来,所以泥质(黏土)具有很高的放射性。在不含放射性矿物的情况下,泥质含量的多少就决定了沉积岩石的放射性的强弱。所以,有可能利用自然伽马测井资料来估算泥质含量。

第六节　多种测井方法的综合应用

在实际测井工作中,一般是多种方法配合使用。如在松散类地层测量深层淡水时,以自然电位法、电阻率法(梯度电极系)为主,也可配合自然伽马测井进行。在浅层地下水井测量中,一般仅采用电法测井即可,多以自然电位法、梯度或二极法配合,或只用梯度法测量。

(1)为确定含水层的位置、厚度,划分咸、淡水的分界面,估算成井后的水质和水量,可采用自然电位法、电阻率法测井。

(2)为确定含水层的位置、厚度、岩性,进行地层对比时,可采用自然电位法测井、电阻率法测井、自然伽马测井。

(3)为确定含水层的位置、厚度、孔隙度,判断地层岩性及含水性质时,可采用电阻率法测井、自然伽马测井、声速测井。

下面主要以自然电位法、梯度法和二极法配合为例,说明各种测井方法的综合运用。

为使极化电位较稳定,应先进行梯度法测量,后进行二极法测量。自然电位法可以与二极法同时测量。梯度电极系若改为双源,也可以与自然电位法同时测量。

假设上层为咸水,其矿化度为 C_1,下层为淡水,其矿化度为 C_2,井液矿化度为 C_0,自然电位曲线有以下几种类型:

第一,当 $C_0 > C_1 > C_2$ 时,砂层在曲线上表现为全部正异常,但在咸水层中的异常幅值小于淡水层中的异常幅值(见图9-20曲线1)。

第二,当 $C_0 < C_2 < C_1$ 时,砂层在曲线上表现为全部负异常,但在咸水层中的异常幅值大于淡水层中的异常幅值(见图9-20曲线2)。

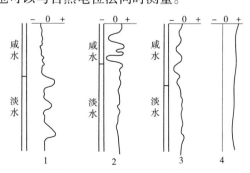

图9-20　自然电位曲线特征图

第三，当 $C_2 < C_0 < C_1$ 时，咸水砂层在曲线上表现为负异常，淡水砂层在曲线上表现为正异常（见图 9-20 曲线 3）。

第四，当 C_0 与 C_1 或 C_2 接近时，砂层在曲线上不显示异常；在没有砂层时，尽管 C_0 与 C_1 或 C_2 相差很多也不显示异常（见图 9-20 曲线 4）。

由于二极法受井液的影响比梯度电极系大，当井液矿化度小于地下水矿化度时，二极法视电阻率的特征值大于梯度法视电阻率的特征值；当井液矿化度接近于或大于地下水矿化度时，二极法视电阻率的特征值小于梯度法视电阻率的特征值。定量地分析地下水的矿化度，最好以梯度法为准。比较二极法与梯度法视电阻率特征值的大小，对于分析地下水矿化度也有很大的参考价值。如果只是为了划分咸、淡水界面和含水层，也可以只用二极法和自然电位法测量。

根据三种曲线分析出来的砂层界面的深度，不一定完全一致。对较厚砂层的下界面，应以底部梯度电极系划分界面为主，适当考虑其他两种方法划分界面。对于较薄砂层下界面及其他砂层的上界面，不应以梯度法为主，应全面考虑 3 种方法所划分出的界面，选择其中两种方法最接近的界面。

如图 9-21 所示，为同一个井的三条测井曲线。在深度 62 m 以上，二极法曲线起伏较小，最大的 ρ_s 特征值不大于 15 Ω·m；梯度曲线较平直，ρ_s 特征值为 7 Ω·m 左右；自然电位曲线为负异常，说明 62 m 以上为咸水层，并且地下水矿化度大于井液矿化度。在 62 m 以下，二极法曲线最大的 ρ_s 特征值接近 20 Ω·m；梯度曲线最大的 ρ_s 特征值为 35 Ω·m；自然电位曲线为正异常，说明 62 m 以下为淡水层，并且地下水矿化度小于井液矿化度。在淡水层中有三层砂层，颗粒的粗细应结合打井情况确定。

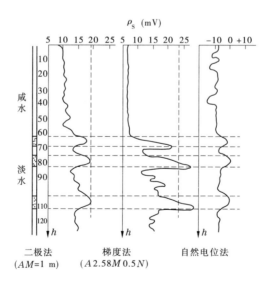

图 9-21　同一个井的三种测井法的曲线特征图

第七节 水文测井仪器装备

一、JGSB－1型轻便测井系统

(一)主要用途与特点

(1)JGSB－1型轻便测井系统是专为中、浅深度工程物探测井设计,可连接多种不同参数探管的数字化测井系统(见图9-22)。它测量参数多,针对性强,可广泛用于水利、地矿、铁路、公路、市政、电力、交通等相关行业的水文地质、工程地质勘察。

(2)主机可采用12 V直流电或220 V交流电作为工作电源,整机功耗10 W,轻便适用。采用ϕ4.0三芯铠装电缆,使绞车体积、质量大大减轻;探管采用先进电子技术使长度变短,质量减轻;携带方便,可广泛适用于高山、水路等交通不便、环境复杂的施工区。

(3)整机稳定可靠,采用优质器件和固化程序模块,大量减少了分离器件的使用,从而提高了系统运行的稳定性和可靠性。

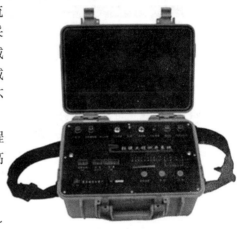

图9-22 JGSB－1型轻便测井系统

(二)主要技术指标

(1)12位A/D转换,程控放大倍数$K = 0.5 \sim 128$。

(2)计数通道:$f \leqslant 500$ kHz。

(3)数字信号传输频率:9 600 bit/s。

(4)深度测量误差:≤0.4‰。

(5)深度显示范围:0～999.99 m。

(6)电法供电周期:400 ms。

(7)电流:2～500 mA可选。

(8)信号输入范围:≤±10 V。

(9)连续工作时间:≤24 h。

(10)功耗:<10 W。

(11)体积(长×宽×高):365 mm×270 mm×170 mm。

(12)质量:<5.5 kg。

(13)工作温度范围:－10～+50 ℃。

(14)工作电源:DC 12 V或AC 220 V±10%,50 Hz±5%。

(三)可配用的探头

(1)S3521声波探头。

(2)JD－1A电极系探头。

(3)JQX－2测斜探头。

（4）J3511 井径探头。

（5）WX3521 井温、三侧向组合探头。

（6）W422J 井温、流体电阻率组合探头。

（7）M3521 组合密度探头。

（8）R411 自然 γ 探头。

（9）JCX – 3 三分量井中磁力仪探头。

（10）HS411 磁化率探头。

探头外形示意图如图 9-23 所示。

图 9-23　探头外形示意图

（四）配套 300 m 轻便测井绞车

JGSB – 1 型配套 300 m 轻便测井绞车如图 9-24 所示。

图 9-24　JGSB – 1 型配套 300 m 轻便测井绞车

（1）外形尺寸：400 mm × 305 mm × 352 mm。

（2）质量（含 300 m φ4.0 电缆及马龙头）：< 29.5 kg。

（3）工作方式：手动。

（4）排线方式：自动排线。

（5）编码器脉冲数：4 000 脉冲/主轮 1 圈。

（6）可绕电缆长度：320 m（φ4.0 三芯铠装电缆）。

（7）集流环芯数：6 芯。

二、JGS – 3 型综合数字测井系统

（一）主要特点

JGS – 3 型综合数字测井系统如图 9-25 所示。

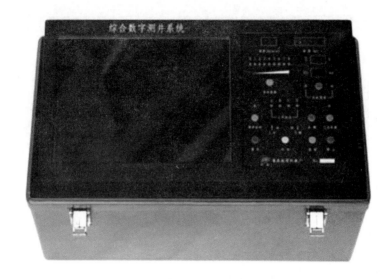

图 9-25　JGS - 3 型综合数字测井系统

(1)采集主机、绞车控制器、工控机一体化,大屏幕液晶显示。

(2)可向上测井,也可向下测井。

(3)可接收数字/模拟脉冲信号。

(4)到达测井终止深度绞车自动停止。

(5)按深度间隔自动采样,采样间隔任意设置。

(6)室内模拟测井,观察仪器及探管的重复性。

(7)深度控制系统和数据采集系统一体化。

(8)供电电压的频率、电压数码实时显示。

(9)井下探管的工作电压、工作电流实时显示。

(10)薄膜面板,美观耐用。

(11)供电电流 8 挡可选。

(12)体积小、质量轻。

JGS - 3 型综合数字测井系统全中文 Windows 工作软件界面如图 9-26 所示。

(二)主要技术指标

(1)12 位 A/D 转换,程控放大倍数 $K = 0.5 \sim 128$。

(2)计数通道:$f \leqslant 500$ kHz。

(3)数字信号传输频率:9 600 bit/s。

(4)激化率断电延时:$1 \sim 9\ 999$ ms 可选。

(5)深度测量误差:$\leqslant 0.4‰$。

(6)测井速度:$0.5 \sim 30$ m/min 可调(速度快慢和采样间隔有关)。

(7)功耗:< 1.5 kW。

(8)体积:480 mm × 280 mm × 230 mm,质量:< 10 kg。

(9)模拟信号输入范围:$\leqslant \pm 10$ V。

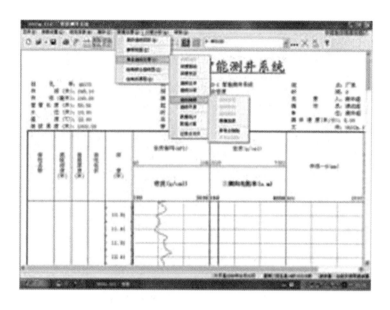

图 9-26　JGS‑3 型综合数字测井系统全中文 Windows 工作软件界面

（10）电测供电电流:1～500 mA 可选,电法供电周期:400 ms。

（11）激化率供电时间:1～99 s 可选。

（12）激化率采样间隔:1～9 999 ms 可选。

（13）深度显示范围:0～9 999.99 m。

（14）工作温度范围:－10～＋50 ℃。

（15）工作电源:AC 220 V±10%,50 Hz±5%。

（16）连续工作时间:≤24 h。

（三）配用组合探管

1. 主要用途及特点

（1）可测参数多,使用范围广。

（2）多种实用化组合方案。

（3）口径小,质量轻。

（4）标准耐压电缆 2 000 m,可定制耐压电缆 3 000 m。

（5）可测参数:自然伽马、电位电阻率、顶(底)部梯度电阻率、测向电阻率、井液电阻率、接触电位、激发极化。

（6）磁参数:磁化率、磁三分量、磁定位。

（7）放射性参数:天然伽马、双源距补偿密度、补偿中子。

（8）声波参数:声速、声幅。

（9）其他参数:井温、井径、井斜、流量。

（10）可选单一参数探管或组合探管。

2. 主要技术参数

（1）ZH‑1 探管外形尺寸:ϕ45×2 000 mm,质量:13.5 kg。

（2）ZH－2 探管外形尺寸：$\phi42 \times 2\,000$ mm，质量：11.5 kg。

（四）配套绞车系列

JCH－3 型 3 种绞车如图 9-27 所示。

(a)1 000~3 000 m 变频自动绞车　(b)300 m 自动排线绞车　(c)500 m 简易手动绞车

图 9-27　JCH－3 型 3 种绞车

1. 绞车控制器

主要特点：

（1）采用先进的变频调速技术控制绞车（日本三菱交流变频器）。

（2）自动恒速及手动调速，超负荷自动保护。

（3）自动加减计深度，深度误差自动补偿。

（4）采用市电或交流发电机。

（5）绞车上升或下降时具有自锁功能。

（6）全速范围内速度平稳，无抖动。

主要技术指标：

（1）速度范围：1~29.9 m/min。

（2）深度误差：≤0.4‰。

（3）深度范围：0~9 999.99 m。

（4）工作电源：AC 220 V±10%，50 Hz±5%。

（5）连续工作时间：≤24 h。

（6）深度脉冲当量：0.25 mm/脉冲。

（7）工作温度：－10~+70 ℃。

（8）体积：305 mm×200 mm×220 mm。

（9）质量：<3 kg。

（10）功耗：<1.5 kW。

（11）恒速范围：0.5~20 m/min，误差±10% ±1 个字。

2. 绞车系列

绞车从提升方式上分为手动、自动、变频控制多种方式；从测井深度上，可从几百米到最深测井深度 3 000 m 可选，具体选型见表 9-2。

表9-2　JCH－3型绞车系列参数

参数	3 000 m 变频 自动绞车	2 000 m 变频 自动绞车	1 000 m 变频 自动绞车	500 m 简易 手动绞车	300 m 自动 排线绞车
型号	JCH－3000	JCH－2000	JCH－1000	JCW－500	JCS－300
外形尺寸 （长×宽×高,mm）	940×800×720	920×680×700	710×620×670	540×400×380	560×490×360
质量（净）（kg）	150	120	110	18	25
电机功率（kW）	2.2	1.5	1.1	手动	手动
编码器脉冲数	4 000/主轮1圈	4 000/主轮1圈	4 000/主轮1圈	无	4 000/主轮1圈
可绕长度（m）	3 100	2 200	1 200	700 370(φ7 橡皮电缆)	360
集流环芯数（芯）	6	6	6	6	6

参 考 文 献

[1] 刘春华,李其光,宋中华,等．水文地质与电测找水技术[M]．郑州:黄河水利出版社,2008.

[2] 许刘万.水文水井多工艺钻探技术的发展与应用[R]．北京:中国地质科学院勘探技术研究所,2015.

[3] 刘志国,等．水文水井钻探工程技术[M]．郑州:黄河水利出版社,2008.

[4] 卢予北．钻探新技术研究与实践[M]．郑州:黄河水利出版社,2008.

[5] 武毅,张治辉,刘伟,等．地下水开发利用新技术[M]．北京:中国水利水电出版社,2011.

[6] 齐学斌,樊向阳.中国地下水开发利用及存在问题研究[M]．北京:中国水利水电出版社,2007.

[7] 城乡建设环境保护部综合勘察院,山西省勘察院．供水管井设计施工指南[M]．北京:中国建筑工业出版社,1984.

[8] 刘建强.机井修复洗井增水综合技术[R]．济南:山东省水利科学研究院,2004.

[9] 牛之琏．时间域电磁法原理[M]．长沙:中南大学出版社,2007.

[10] 米萨克 N 纳比吉安．勘查地球物理电磁法[M]．赵经祥,等,译．北京:地质出版社,1992.

[11] 王大纯,张人权,等.水文地质学基础[M]．北京:地质出版社,1986.

[12] 彭真万,韩运宴.综合地质[M]．北京:中国建筑工业出版社,2003.

[13] M C 日丹诺夫.电法勘探[M]．张昌达,译．北京:中国地质大学出版社,1990.

[14] 张保祥,刘春华.瞬变电磁法在地下水勘查中的应用综述[J]．地球物理学进展,2004,19(3):537-542.

[15] S H 沃德.地球物理用电磁理论[M]．北京:地质出版社,1978.

[16] F 海特曼,等.地质家应用地球物理学[M]．许云,赵静宣,译．北京:石油工业出版社,1984.

[17] 张守信．中国地层名称 1866—1965[M]．北京:科学出版社,2001.

[18] 薛禹群,朱学愚.地下水动力学[M]．北京:地质出版社,1978.

[19] 长春地质学院《矿产地质基础》编写组．矿产地质基础[M]．北京:地质出版社,1979.

[20] 傅良魁.电法勘探文集[M]．北京:地质出版社,1986.

[21] 陈南祥.工程地质及水文地质[M]．3 版.北京:中国水利水电出版社,2012.

[22] 常士骠,张苏民.工程地质手册[M]．4 版.北京:中国建筑工业出版社,2007.

[23] 中国地质调查局.水文地质手册[M]．2 版.北京:地质出版社,2012.

[24] 陶果,多雪峰.我国地球物理测井技术的发展与战略初探[J]．地球物理学进展,2001,16(3):98-101.

[25] 卢予北,郭友琴,王现国.地热矿泉水资源勘查手册[M]．郑州:黄河水利出版社,2007.

[26] 许刘万,曹福德,葛和旺.中国水文水井钻探技术及装备应用现状[J]．探矿工程:岩土钻掘工程,2007(1):33-38,43.

[27] 胡郁乐,张绍和.钻探事故预防与处理知识问答[M]．长沙:中南大学出版社,2010.

[28] 王年友．岩芯钻探孔内事故处理工具手册[M]．长沙:中南大学出版社,2011.

[29] 李庆辉,陈勉,金衍,等．新型压裂技术在页岩气开发中的应用[J]．特种油气藏,2012,19(6):1-7.

[30] 李小杰,叶成明,李炳平,等.基岩水井水力分段压裂增水技术研究与应用[J]．探矿工程:岩土钻掘工程,2012,39(Z1):56-61.

[31] 刘畅,蔡斌."水力压裂"技术在基岩帷幕灌浆中的应用[J]．广西水利水电,2013(6):23-25,48.

[32] 李炳平,叶成明,何计彬,等.山东温石塘地热田回灌补源压裂增注试验[J]．探矿工程:岩土钻掘

　　工程,2014(12):6-10.

[33] 李欣,段胜楷,孙扬,等.美国页岩气勘探开发最新进展[J].天然气工业,2011(8):124-126,142.

[34] 俞绍诚,等.水力压裂技术手册[M].北京:石油工业出版社,2010.